JN023034

改訂版

すぐわかる**多変量解析**

石村光資郎＋石村貞夫　著

東京図書

一歩前に
　　進もう！

■ はじめに

　この本は,

$$とりあえず,　多変量解析を使えるようになりたい$$

という人のために書かれました.
　したがって,　多変量解析の数学的理論よりも,

$$コンピュータの出力を見て,$$
$$多変量解析がわかるようになる$$

ように工夫されています.

　そこで,　パソコンの前に座り,

$$左手に持った本書を見ながら$$
$$パソコンの前で多変量解析をしている$$

という姿をイメージして,

$$できるだけ具体的に,　できるだけわかりやすく$$

を心がけて,　この本を書きました.

習うより　　　　　　　　慣れろ！
　　　　　　　　　　　　　… かな

この本の 1 章から 6 章までは，

重回帰分析　　主成分分析　　判別分析

について，それぞれ，次のような 2 段階に分けて解説しています．

第 1 段階：最短距離で多変量解析に慣れるために，

多変量解析のしくみとコンピュータの出力の**読み取り方**

第 2 段階：コンピュータのブラックボックス化をふせぐために，

電卓や Excel を使って多変量解析の**計算**

この本の 7 章，8 章は，

因子分析　　ロジスティック回帰分析

について，

コンピュータの出力の**読み取り方**

を中心に解説しています．

この本の，2 章，4 章，6 章には，

● ミッドウインター女性バラバラ殺人事件

● フロス警部のストレス

● オクスブリッジ運河殺人事件

といった英国風ミステリー仕立ての**演習**を用意しました．

この本を読みながら，英国ミステリーのトリックをひもとくように

知らず知らずのうちに，

多変量解析の面白さに引き込まれてしまう

ことを期待しています．

2019 年 12 月 29 日

著者

■ 目　　次

第3章 すぐわかる主成分分析
●都市の豊かさランキング?!

72

重回帰分析には
推定や検定が
ありますが……

主成分分析では
座標軸の回転や移動なので
推定や検定はありません

重回帰分析
主成分分析
判別分析は

連立1次方程式を
解けばよいので
Excelを使って
計算することが
できます

因子分析
ロジスティック回帰分析は
最尤法を利用するので
SPSSのような
統計解析ソフトが便利です

装　　幀／今垣知沙子（戸田事務所）

イラスト／石村多賀子

◆本書の演習問題の解答は，東京図書のホームページ
（http://www.tokyo-tosho.co.jp/）からダウンロードすることができます．

重回帰分析の掲示板

データを　　　　　　　　⟶　　　入力ミスはないだろうか？
　入力しよう

独立変数を　　　　　　　⟶　　　多重共線性はないだろうか？
　選択しよう

> ステップワイズ法による
> 選択もあります

偏回帰係数を　　　　　　⟶　　　大切な独立変数は？
　ながめよう

> 有意確率≦0.05

標準偏回帰係数を　　　　⟶　　　大切な独立変数は？
　ながめよう

> 単位の影響はありません

分散分析表を　　　　　　⟶　　　重回帰式は予測に
　ながめよう　　　　　　　　　　　役立つだろうか？

決定係数を　　　　　　　⟶　　　重回帰式の
　ながめよう　　　　　　　　　　　あてはまりの良さは？

改訂版
すぐわかる多変量解析

第1章
すぐわかる重回帰分析
平均寿命を予測する?!

1.1 重回帰分析でわかること

"重回帰分析をすると，何がわかるだろうか？"

これを知ることが，

"重回帰分析を理解するための第 1 歩"

となります．

重回帰分析をすると……

因と果のカンケイ〜

その 1. 結果といくつかの原因を結ぶ関係式がわかります．

例えば，

平均寿命と医療費とタンパク質について調べたいとき

$$平均寿命 = b_1 \times 医療費 + b_2 \times タンパク質 + b_0$$

といった関係式を求めてくれる．

その 2. その関係式から，結果を予想できます．

例えば，

医療費 = 5.5 ，タンパク質 = 74 としたとき

$$平均寿命 = b_1 \times 5.5 + b_2 \times 74 + b_0$$

と予測できる．

パラメータ b_1, b_2 が大切です

その3. 結果に大きな影響を与えている原因がわかります.

例えば,

平均寿命に影響があるのは,

医療費の割合か, それとも

タンパク質摂取量なのか

がわかる.

そこで, 重回帰分析の理論はさておき

"まずは, データを分析してみよう!!"

次のデータは7か国の, [平均寿命], [所得に対する医療費の割合],
[タンパク質摂取量] について調査した結果です.

表 1.1.1　長生きの原因をさぐる

No	国	平均寿命	医療費	タンパク質
1	A	62	4.5	62
2	B	56	3.7	49
3	C	69	5.1	58
4	D	72	4.6	61
5	E	83	5.8	78
6	F	79	5.2	85
7	G	57	3.4	57
		↑	↑	↑
		従属変数	独立変数	独立変数
		y	x_1	x_2

このデータを重回帰分析用ソフトに入力すると,
次のような出力が, パソコンの画面に現れます.

このデータを使って
"結果と原因の関係式を求めるという重回帰分析"
を行ってみよう!

次のページへ～

1.2 コンピュータの出力を読む

【重回帰分析の出力 ―その１―】

Descriptive Statistics

	Mean	Std. Deviation	N	
平均寿命	68.2857	10.51529	7	←①
医療費	4.6143	.84741	7	
タンパク質	64.2857	12.64535	7	

Correlations

		平均寿命	医療費	タンパク質	
Pearson Correlation	平均寿命	1.000	.929	.867	
	医療費	.929	1.000	.754	
	タンパク質	.867	.754	1.000	←②
Sig.（1-tailed）	平均寿命	.	.001	.006	
	医療費	.001	.	.025	
	タンパク質	.006	.025	.	
N	平均寿命	7	7	7	
	医療費	7	7	7	
	タンパク質	7	7	7	

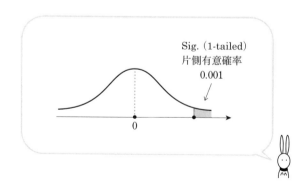

Sig.（1-tailed）
片側有意確率
0.001

0

① 記述統計量

	平均値	標準偏差	データ数
平均寿命	68.2857	10.51529	7

●データから計算された数値を**統計量**といいます.

$$68.2857 = \frac{62 + 56 + \cdots + 57}{7}$$

$$10.51529 = \frac{(62 - 68.2857)^2 + \cdots + (57 - 68.2857)^2}{7 - 1}$$

② 相関係数と無相関の検定

		平均寿命	医療費	タンパク質
Pearson の	平均寿命	1.000	0.929	0.867
相関係数	医療費	0.929	1.000	0.754
	タンパク質	0.867	0.754	1.000
有意確率	平均寿命		0.001	0.006
（片側）	医療費	0.001		0.025
	タンパク質	0.006	0.025	

　平均寿命と医療費のところを見ると…

●相関係数 0.929 は 1 に近いので，強い正の相関があります.

●次の仮説の検定をしています.

　　　仮説 H_0：無相関である（片側検定）.

　　　有意確率 0.001　≦　有意水準 0.05 なので

　　　仮説 H_0 は棄却される.

　したがって，平均寿命と医療費の間に正の相関がある.

【重回帰分析の出力 —その2—】

		平均寿命	医療費	タンパク質
平均寿命	Sum of Squares and Crossproducts	663.429	49.671	691.429
	Covariance	110.571	8.279	115.238 ←③
医療費	Sum of Squares and Crossproducts	49.671	4.309	48.471
	Covariance	8.279	.718	8.079
タンパク質	Sum of Squares and Crossproducts	691.429	48.471	959.429
	Covariance	115.238	8.079	159.905

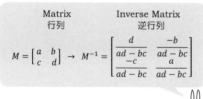

平方和積和行列   分散共分散行列

	y	x_1	x_2
y	平方和	積和	積和
x_1	積和	平方和	積和
x_2	積和	積和	平方和

	y	x_1	x_2
y	分散	共分散	共分散
x_1	共分散	分散	共分散
x_2	共分散	共分散	分散

Matrix
行列

Inverse Matrix
逆行列

$$M = \begin{bmatrix} a & b \\ c & d \end{bmatrix} \rightarrow M^{-1} = \begin{bmatrix} \dfrac{d}{ad-bc} & \dfrac{-b}{ad-bc} \\ \dfrac{-c}{ad-bc} & \dfrac{a}{ad-bc} \end{bmatrix}$$

③　平方和積和行列と分散共分散行列

		平均寿命	医療費	タンパク質
平均寿命	平方和と積和	663.429	49.671	691.429
	分散と共分散	110.571	8.279	115.238
医療費	平方和と積和	49.671	4.309	48.471
	分散と共分散	8.279	0.718	8.076
タンパク質	平方和と積和	691.429	48.471	959.429
	分散と共分散	115.238	8.079	159.905

● 分散 $= \dfrac{\text{平方和}}{N-1}$

平均寿命の平方和と分散は…

$$110.571 = \frac{663.429}{7-1}$$

医療費の平方和と分散は…

$$0.718 = \frac{4.309}{7-1}$$

● 共分散 $= \dfrac{\text{積和}}{N-1}$

平均寿命と医療費の積和と共分散は…

$$8.279 = \frac{49.671}{7-1}$$

分散は "長さ" の概念
共分散は "広がり" の概念

● 相関係数 $= \dfrac{x と y の共分散}{\sqrt{x の分散} \times \sqrt{y の分散}}$

平均寿命と医療費の相関係数は…

$$0.929 = \frac{8.279}{\sqrt{0.718} \times \sqrt{110.571}}$$

【重回帰分析の出力 ―その3―】

Variable Entered/Removed [a]

Model	Variables Entered	Variables Removed	Method	
1	タンパク質, 医療費 [b]		Enter	←④

a. Dependent Variable：平均寿命
b. All requested variables entered.

Model Summary

Model	R	R Square	Adjusted R Square	
1	.963	.927	.891	←⑤

ANOVA [a]

Model		Sum of Squares	df	Mean Square	F	Sig.	
1	Regression	615.111	2	307.556	25.461	.005 [b]	←⑥
	Residual	48.317	4	12.079			
	Total	663.429	6				

a. Dependent Variable：平均寿命
b. Predictors:（Constant）, タンパク質, 医療費

AN　　O VA
=Analysis of Variance

Sig＝Significant

④ 分析に投入／除去された独立変数

モデル	投入された変数	除去された変数	投入方法
1	医療費 タンパク質		強制投入

⑤ モデルについての要約　統計量

重相関係数	決定係数	自由度調整済 決定係数
0.963	0.927	0.891

- $0.927 = (0.963)^2$

- $0.891 = 1 - \dfrac{7 - 1}{7 - 2 - 1} \times (1 - 0.927)$

    $7 - 1 \qquad \cdots S_T$ の自由度 $= 6$

    $7 - 2 - 1 \cdots S_E$ の自由度 $= 4$

決定係数が1に近いと
重回帰式の
あてはまりが良い！

$p = 2$

⑥ 重回帰の分散分析表

変動	平方和	自由度	平均平方	F 値	有意確率
回帰による	615.111	2	307.556	25.461	0.005
残差による	48.317	4	12.079		
全変動	663.429	6			

- 次の仮説の検定をしています．

    仮説 H_0：重回帰式は予測に役立たない

    有意確率 $0.005 \leq$　有意水準 0.05　なので

    仮説 H_0 は棄却される．

  したがって，求めた重回帰式は予測に役立つ．

【重回帰分析の出力 ―その4―】

Coefficients [a]

Model		Unstandardized Coefficients B	Coefficients Std. Error	Standardized Coefficients Beta	t	Sig.	
1	（Constant）	11.127	8.117		1.371	.242	
	医療費	7.926	2.549	.639	3.110	.036	←⑦
	タンパク質	.320	.171	.385	1.875	.134	

a. Dependent Variable：平均寿命

Coefficients [a]

Model		Correlations Zero-order	Partial	Part	
1	（Constant）				
	医療費	.929	.841	.420	←⑧
	タンパク質	.867	.684	.253	

a. Dependent Variable：平均寿命

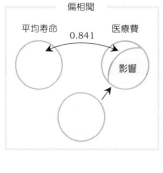

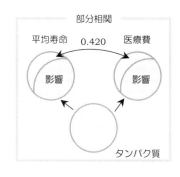

⑦ 重回帰式の係数と検定

	偏回帰係数	標準誤差	標準化された偏回帰係数	t 値	有意確率
（定数項）	11.127	8.117		1.371	0.242
医療費	7.926	2.549	0.639	3.110	0.036
タンパク質	0.320	0.171	0.385	1.875	0.134

● 求める重回帰式

平均寿命 ＝ 7.926 × 医療費 ＋ 0.320 × タンパク質 ＋ 11.127

● 偏回帰係数の検定

次の仮説の検定をしています.

タンパク質については棄却されません

仮説 H_0：医療費は平均寿命に影響を与えない，

有意確率 0.036 ≦ 有意水準 0.05 なので

仮説 H_0 は棄却される．

したがって，医療費は平均寿命に影響を与えている．

⑧ 0 次相関　偏相関　部分相関

	0 次相関係数	偏相関係数	部分相関係数
（定数項）			
医療費	0.929	0.841	0.420
タンパク質	0.867	0.684	0.253

● 平均寿命とのいろいろな相関

$$0 \text{ 次相関 } 0.929 = \frac{8.279}{\sqrt{0.718} \times \sqrt{110.571}}$$

【重回帰分析の出力 ―その5―】

	平均寿命	医療費	タンパク質	PRE_1
1	62.00	4.50	62.00	66.648
2	56.00	3.70	49.00	56.144
3	69.00	5.10	58.00	70.122
4	72.00	4.60	61.00	67.120
5	83.00	5.80	78.00	82.075
6	79.00	5.20	85.00	79.562
7	57.00	3.40	57.00	56.328

↑⑨

	LMCI_1	UMCI_1
1	62.932	70.364
2	50.062	62.226
3	63.091	77.154
4	63.183	71.058
5	75.463	88.687
6	71.464	87.660
7	48.959	63.698

↑⑩

PRE = predicted
LMCI = lower mean confidence interval
UMCI = upper mean confidence interval

⑨ 予測値

医療費	タンパク質	予測値	下限	上限
4.5	62	66.6	62.9	70.4
3.7	49	56.1	50.1	62.2
5.1	58	70.1	63.1	77.2

● No.1 の予測値

$$予測値 = 7.926 \times 医療費 + 0.320 \times タンパク質 + 11.127$$
$$= 7.926 \times 4.5 + 0.320 \times 62 + 11.127$$
$$= 66.648$$

⑩ 従属変数 y の 95%信頼区間

● No.1 の信頼区間

下限　　　　　　　　　上限
$62.9 \leq 平均寿命 \leq 70.4$

ところで
p.9 の全変動 $S_T = 663.429$ は
従属変数 y の平方和 S_{y^2} と一致するので
独立変数の個数が変わっても不変です！
（p.20，23，47）

1.3 重回帰式から分析が始まる

重回帰分析において，調べなければならないことは

　　　　従属変数 y と　独立変数 x_1，独立変数 x_2 の間の関係

です．このデータでは，

　　　　平均寿命 y と　医療費 x_1，タンパク質 x_2 の関係

となります．

　はじめに，この関係を見るために，平均寿命と医療費，
平均寿命とタンパク質の散布図を，それぞれ描いてみると…

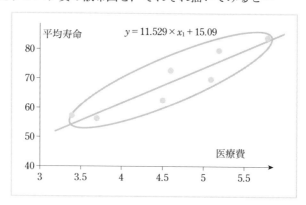

$$y = 11.529 \times x_1 + 15.09$$

図 1.3.1　平均寿命と医療費の散布図

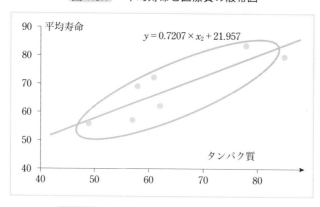

$$y = 0.7207 \times x_2 + 21.957$$

図 1.3.2　平均寿命とタンパク質の散布図

この2つの散布図から，強い正の相関があることがわかります．

そこで，

"強い相関がある" ⇔ "1次式の関係がある"

と考えられるので，3つの変数 y, x_1, x_2 の間に

これが
重回帰式？

$$y = b_1 \times x_1 + b_2 \times x_2 + b_0$$

↑ 従属変数　　↑ 独立変数　　↑ 独立変数

という1次の関係式を予想できそうです．

もちろん，この等式がそのまま成り立つわけではありません．

もし，この等式が成り立つのなら

"散布図の各点は1直線上に並んでいる"

はずです?!

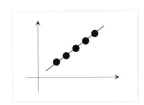

串団子みたい〜

$0 \leqq r \leqq 0.2$
　…ほとんど相関がない
$0.2 \leqq r \leqq 0.4$
　…やや相関がある
$0.4 \leqq r \leqq 0.7$
　…かなり相関がある
$0.7 \leqq r \leqq 1.0$
　…強い正の相関がある

"従属変数 y は正規分布に従う"
という条件が付きますが
独立変数 x_i には分布の条件は
付きません
したがって，性別のような
カテゴリカルデータの場合でも
ダミー変数として取り扱えます!!

実際には，実測値と予測値で

実測値　　⇔　　　　**予測値**

y　　　　　　$Y = b_1 \times x_1 + b_2 \times x_2 + b_0$

次の図のように　**残差** $y - Y$　が生じます．

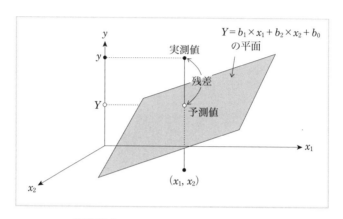

図 1.3.3　実測値，予測値，残差の関係

そこで，1次式

$$Y = b_1 \times x_1 + b_2 \times x_2 + b_0$$

を求めるために，次の各点における残差

表 1.3.1　残差を求める

実測値 y	予測値 Y	残差 $y - Y$
62	$b_1 \times 4.5 + b_2 \times 62 + b_0$	$62 - (4.5 \times b_1 + 62 \times b_2 + b_0)$
56	$b_1 \times 3.7 + b_2 \times 49 + b_0$	$56 - (3.7 \times b_1 + 49 \times b_2 + b_0)$
69	$b_1 \times 5.1 + b_2 \times 58 + b_0$	$69 - (5.1 \times b_1 + 58 \times b_2 + b_0)$
72	$b_1 \times 4.6 + b_2 \times 61 + b_0$	$72 - (4.6 \times b_1 + 61 \times b_2 + b_0)$
83	$b_1 \times 5.8 + b_2 \times 78 + b_0$	$83 - (5.8 \times b_1 + 78 \times b_2 + b_0)$
79	$b_1 \times 5.2 + b_2 \times 85 + b_0$	$79 - (5.2 \times b_1 + 85 \times b_2 + b_0)$
57	$b_1 \times 3.4 + b_2 \times 57 + b_0$	$57 - (3.4 \times b_1 + 57 \times b_2 + b_0)$

の2乗和を最小にする**偏回帰係数** b_1, b_2 を求めます．

この偏回帰係数 b_1, b_2 と定数項 b_0 は，最小 2 乗法で求めることができます．

しかし，その計算はコンピュータにまかせることにして……
コンピュータの出力は，次のようになります．

表 1.3.2　コンピュータによる出力

Model		Unstandardized Coefficients B	Std. Error	Standardized Coefficients Beta	t	Sig.
1	（Constant）	11.127	8.117		1.371	.242
	医療費	7.926	2.549	.639	3.110	.036
	タンパク質	.320	.171	.385	1.875	.134

a. Dependent Variable：平均寿命

この出力結果から，**重回帰式**は

$$Y = 7.926 \times x_1 + 0.320 \times x_2 + 11.127$$

であることがわかります．

回帰分析では
係数をＢで表します

残差のことを
誤差ともいいますが
誤差は重回帰モデルのときに
ε_i として登場します

1.4 その重回帰式は予測に役立つだろうか

重回帰式

$$Y = 7.926 \times x_1 + 0.320 \times x_2 + 11.127$$

が求まれば，この式を使って

- 平均寿命 y を予測したり，
- タンパク質摂取量 x_2 を制限したり

することができます．

そのためには，次の3つの方法で，

1 その重回帰式は良くあてはまっているか？

2 その重回帰式は予測に役立つのか？

3 重回帰モデルのあてはまりの良さは？

この重回帰式の精度を評価しておく必要があります．

決定係数 R^2

分散分析表

重回帰モデル
は p.26

1 その重回帰式は良くあてはまっているか？

予測値と残差に注目してみよう*!!*

表 1.4.1 予測値と残差を調べる

No	実測値 y	予測値 Y	残差 $y - Y$
1	62	66.65	− 4.65
2	56	56.14	− 0.14
3	69	70.12	− 1.12
4	72	67.12	4.88
5	83	82.08	0.92
6	79	79.56	− 0.56
7	57	56.33	0.67

残差の少ない方が
良い重回帰式だね

重回帰式のあてはまりの良さを示す統計量として，重相関係数があります．

重相関係数 R は

$$\text{“実測値 } y \text{ と予測値 } Y \text{ の相関係数”}$$

のことで，

$$R = \frac{y \text{ と } Y \text{ の共分散}}{\sqrt{y \text{ の分散}} \times \sqrt{Y \text{ の分散}}}$$

$0 \leqq R \leqq 1$

$$R = \frac{\displaystyle\sum_{i=1}^{N}(y_i - \overline{y}) \times (Y_i - \overline{Y})}{N-1} \Bigg/ \sqrt{\frac{\displaystyle\sum_{i=1}^{N}(y_i - \overline{y})^2}{N-1}} \times \sqrt{\frac{\displaystyle\sum_{i=1}^{N}(Y_i - \overline{Y})^2}{N-1}}$$

が定義式です．

重相関係数の読み取り方は，

$$\text{“重相関係数 } R \text{ が 1 に近いほど，重回帰式のあてはまりが良い”}$$

となります．

p.9 の重相関係数は 0.963 なので，

$$\text{“求めた重回帰式はデータに良くあてはまっている”}$$

ことがわかります．

ところで，この重相関係数は，決定係数と密接な関係にあって，

$$(重相関係数)^2 = 決定係数$$

が成り立ちます．

よって，決定係数が求まっているときは，この等式から

$$重相関係数 = \sqrt{決定係数} = \sqrt{0.927} = 0.963$$

のように重相関係数を求めることができます．

次に，残差に注目して，重回帰式を評価してみよう!!
そのためには，平方和の計算が必要です．

平方和とは

$$\sum_{i=1}^{N} (x_i - \bar{x})^2$$

"データと平均値との差の2乗和"

のこと．

重回帰分析の場合は

実測値の平均値	予測値の平均値	残差の平均値
$\bar{y} = 68.29$	$\bar{Y} = 68.29$	$\bar{y} - \bar{Y} = 0$

なので…．

3つの平方和は，次の表のようになります．

表1.4.2 3つの平方和を求める

No	実測値の平方和 $\sum_{i=1}^{7}(y_i - \bar{y})^2 = S_T$	予測値の平方和 $\sum_{i=1}^{7}(Y_i - \bar{Y})^2 = S_R$	残差の平方和 $\sum_{i=1}^{7}(y_i - Y_i)^2 = S_E$
1	$(62 - 68.29)^2$	$(66.648 - 68.29)^2$	$(-4.648 - 0)^2$
2	$(56 - 68.29)^2$	$(56.144 - 68.29)^2$	$(-0.144 - 0)^2$
3	$(69 - 68.29)^2$	$(70.122 - 68.29)^2$	$(-1.122 - 0)^2$
4	$(72 - 68.29)^2$	$(67.120 - 68.29)^2$	$(4.880 - 0)^2$
5	$(83 - 68.29)^2$	$(82.075 - 68.29)^2$	$(0.925 - 0)^2$
6	$(79 - 68.29)^2$	$(79.562 - 68.29)^2$	$(-0.562 - 0)^2$
7	$(57 - 68.29)^2$	$(56.328 - 68.29)^2$	$(0.672 - 0)^2$
合計	663.429	615.111	48.317
	↑ S_T	↑ S_R	↑ S_E

$$S_T = S_R + S_E$$
$$663.429 = 615.111 + 48.317$$

この表 1.4.2 の合計のところを見ると,

> 実測値の平方和 ＝ 予測値の平方和 ＋ 残差の平方和
> 663.429　　　＝　　　615.111　　　＋　　　48.317

$S_R = S_T - S_E$

となっていることに気づきます.

　残差の平方和は小さい方があてはまり良くなりますが,

　　　"実測値の平方和の中での残差の平方和"

としてとらえるべきなので,

この両辺を実測値の平方和で割っておくと,

$$1 = \frac{予測値の平方和}{実測値の平方和} + \frac{残差の平方和}{実測値の平方和}$$

となります.

　したがって,

　　"$1 - \dfrac{残差の平方和}{実値測値の平方和}$ が 1 に近い"

$1 = \dfrac{S_R}{S_T} + \dfrac{S_E}{S_T}$

ほど,

　　　"重回帰式のあてはまりが良い"

ということになります.

　そこで,

$$R^2 = 1 - \frac{S_E}{S_T} \quad \left(= \frac{S_R}{S_T} \right)$$

$\dfrac{S_E}{S_T}$ が 0 に近いと…

R^2 は 1 に近い

と定義し, **決定係数** と呼ぶことにします.

　表 1.1.1 のデータの場合

$$R^2 = 1 - \frac{48.317}{663.429} = \frac{615.111}{663.429} = 0.927$$

なので,

　　"この重回帰式はデータに良くあてはまっている"

と考えられます.

ところで，次の不自然なデータを見てみると….

このデータは，今までのデータに独立変数を 2 個加えたものです.

表 1.4.3　作為的に加工したデータ

No	平均寿命	医療費	タンパク質	x_3	x_4
1	62	4.5	62	10	5
2	56	3.7	49	10	5
3	69	5.1	58	11	7
4	72	4.6	61	10	5
5	83	5.8	78	10	5
6	79	5.2	85	9	8
7	57	3.4	57	10	5

表 1.1.1 のデータ　　　　　意味のないデータ
を加えてみました

重回帰分析をしてみると，コンピュータの出力は

R-SQUARE	0.931
MULTIPLE CORRELATION	0.965
ADJUSTED R-SQUARE	0.794

のようになります.

表 1.1.1 と表 1.4.3 の決定係数，重相関係数を比較すると，

	表 1.1.1 のデータ	表 1.4.3 のデータ
決定係数	0.927	0.931
重相関係数	0.963	0.965

のように，表 1.4.3 の方が大きくなっています.

　ということは，

　　　"独立変数を増やすと，より良い重回帰式が得られた？"

ということになります. でも，これは**変**ですね.

　つまり，決定係数 R^2 や重相関係数 R は，

どのような独立変数を

加えても，単純に増加してしまう

という性質があります.

そこで，この欠点を改良するために，自由度の概念を導入した…

$$\hat{R}^2 = 1 - \frac{\dfrac{\sum_{i=1}^{N}(y_i - Y_i)^2}{N-p-1}}{\dfrac{\sum_{i=1}^{N}(y_i - \bar{y})^2}{N-1}}$$

$$\hat{R}^2 = 1 - \frac{N-1}{N-p-1} \times (1-R^2)$$

を**自由度調整済み決定係数**といいます．

$N-p-1$ と $N-1$ は
S_E と S_T の自由度です

p は独立変数の数
N はデータ数

表 1.1.1 と表 1.4.3 の自由度調整済み決定係数を計算すると…

	p	N	$S_E = \sum_{i=1}^{7}(y_i - Y_i)^2$	$S_T = \sum_{i=1}^{7}(y_i - \bar{y})^2$
表 1.1.1	2	7	48.317	663.429
表 1.4.3	4	7	45.583	663.429

$$\hat{R}^2 = 1 - \frac{\dfrac{48.317}{7-2-1}}{\dfrac{663.429}{7-1}} = 0.891$$

←表 1.1.1 の
自由度調整済み決定係数

$$\hat{R}^2 = 1 - \frac{\dfrac{45.583}{7-4-1}}{\dfrac{663.429}{7-1}} = 0.794$$

←表 1.4.3 の
自由度調整済み決定係数

となります．

したがって，表 1.1.1 のデータから求めた重回帰式の方が，
あてはまりが良いことがわかります．

2 その重回帰式は予測に役立つのか？

重回帰式が予測に役立っているかどうかを調べるために

"分散分析表による重回帰の検定"

という手法があります.

表 1.4.4　重回帰の分散分析表の公式

変動要因	平方和 SUM OF SQUARES	自由度 DF	平均平方 MEAN SQUARE	F 値 F–VALUE
回帰による REGRESSION	$S_R = \sum\limits_{i=1}^{N} (Y_i - \overline{Y})^2$	p	$V_R = \dfrac{S_R}{p}$	$F_0 = \dfrac{V_R}{V_E}$
残差による RESIDUAL	$S_E = \sum\limits_{i=1}^{N} (y_i - Y_i)^2$	$N-p-1$	$V_E = \dfrac{S_E}{N-p-1}$	
全変動	$S_T = \sum\limits_{i=1}^{N} (y_i - \overline{y})^2$	$N-1$	⬅ $S_T = S_R + S_E$	

p ＝ 独立変数の個数 … $p = 2$
N ＝ データ数 … $N = 7$

表 1.1.1 のデータの分散分析表は

表 1.4.5　表 1.1.1 のデータの分散分析表

変動要因	平方和	自由度	平均平方	F 値
回帰による	615.111	2	307.556	$F_0 = 25.461$
残差による	48.317	4	12.079	

これが検定統計量

となります.

重回帰分析における分散分析表は,

仮説 H_0：重回帰式は予測に 役立たない

を，検定統計量 F_0 を用いて検定するためのものです.

よって，この仮説 H_0 が棄却されると
重回帰分析をすることに意味があります.

この検定統計量は自由度 $(p,\ N-p-1)$ の F 分布に従っているので,

$$F_0 \geq F(p, N-p-1 ; \alpha)$$

ならば，有意水準 α で仮説 H_0 を棄却します.

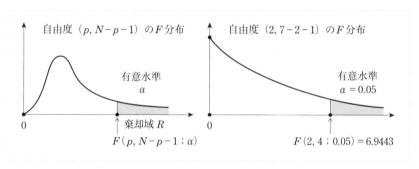

自由度 $(p, N-p-1)$ の F 分布 　　　自由度 $(2, 7-2-1)$ の F 分布

有意水準 α

棄却域 R

$F(p, N-p-1 ; \alpha)$

有意水準 $\alpha = 0.05$

$F(2, 4 ; 0.05) = 6.9443$

図 1.4.1　棄却域と検定統計量

したがって，表 1.4.5 の分散分析表から

$$F_0 = 25.461 \geq F(2, 4 ; 0.05) = 6.9443$$

となるので,
仮説 H_0 は棄てられます.

ということは…
予測に役立つ！

ところで，…

この仮説の不自然な表現

仮説 H_0：重回帰式は予測に役立たない

は何を意味しているのだろうか？

詳しくは，次の重回帰モデルの考え方が必要となります.

3 重回帰モデルのあてはまりの良さは？

次の式を**重回帰モデル**といいます.

> **重回帰モデル**
>
> $$\begin{cases} y_1 = \beta_1\,x_{11} + \beta_2\,x_{21} + \beta_0 + \varepsilon_1 \\ y_2 = \beta_1\,x_{12} + \beta_2\,x_{22} + \beta_0 + \varepsilon_2 \\ \vdots \qquad\qquad\qquad \vdots \\ y_N = \beta_1\,x_{1N} + \beta_2\,x_{2N} + \beta_0 + \varepsilon_N \end{cases}$$
>
> ただし，誤差 $\varepsilon_1, \varepsilon_2, \cdots, \varepsilon_N$ は
> 正規分布 $N(0, \sigma^2)$ に従うと仮定する.

このモデルの 母 偏回帰係数 β_1，β_2 と，重回帰式

$$Y = b_1 x_1 + b_2 x_2 + b_0$$

の偏回帰係数 b_1, b_2 の記号が異なっています？　実は

"偏回帰係数 b_1, b_2 は 母 偏回帰係数 β_1，β_2 の推定値"

になっています.

したがって
y_i も正規分布
だね！

そして，

"仮説 H_0：重回帰式は予測に役立たない"

とは，

"仮説 H_0：$\beta_1 = 0$，$\beta_2 = 0$"

のこと.

つまり，重回帰モデルの母偏回帰係数が 0 ということは，
その独立変数はなくてもよいということなので，
従属変数 y の予測には役立たない，ということになります.

この仮説 H_0 が
棄却されると…

(1) $\cdots \beta_1 \neq 0 \quad \beta_2 = 0$
(2) $\cdots \beta_1 = 0 \quad \beta_2 \neq 0$
(3) $\cdots \beta_1 \neq 0 \quad \beta_2 \neq 0$

重回帰モデルのあてはまりの良さを評価する統計量に，AIC があります．
AIC とは，Akaike Information Criterion の略で**赤池情報量基準**のこと．
重回帰モデルでは

$$\mathrm{AIC} = N \times \left\{ \log \left(2\pi \times \frac{S_E}{N} \right) + 1 \right\} + 2 \times (p+2)$$

$$\text{ただし，} \quad S_E = \sum_{i=1}^{N} (y_i - Y_i)^2$$

$$p = \text{独立変数の個数}$$

$$N = \text{サンプルの大きさ}$$

が，AIC の基本の定義式となります．

表 1.1.1 のデータの場合，

$$S_E = 48.317, \quad p = 2, \quad N = 7$$

なので，

AIC の定義は
色々あります

$$\mathrm{AIC} = 7 \times \left\{ \log \left(2\pi \times \frac{48.317}{7} \right) + 1 \right\} + 2 \times (2+2)$$

となります．

ところで，AIC は情報量ではなく

情報量基準

なので，

　　　　"AIC が小さいほど，重回帰モデルのあてはまりが良い"
と評価します．

つまり，いくつかの AIC の値を比較するところに意味があるので，
次のような使われ方をします．

独立変数の
選択のときに
役立ちそう～

"いくつかの重回帰モデルを考える"
⇩
"それぞれのモデルについて，AIC を求める"
⇩
"最小の AIC の値をもつモデルが最適モデル"

1.5 偏回帰係数の意味するものは

偏回帰係数の意味について考えてみよう!!

従属変数 y と独立変数 x_1, x_2 について,
次の 3 つの関係式が考えられます.

> (i) y と x_1, x_2 の重回帰式
>
> $$Y = \boxed{7.926} \times x_1 + \boxed{0.320} \times x_2 + 11.127$$
>
> (ii) y と x_1 の単回帰式
>
> $$Y = \boxed{} \times x_1 + \boxed{}$$
>
> (iii) y と x_2 の単回帰式
>
> $$Y = \boxed{} \times x_2 + \boxed{}$$

例えば,

　　　"x_1 の偏回帰係数 7.926 が, y と x_1 との関係を表している"
のならば,
y と x_1 の単回帰係数も 7.926 となりそうですが……

　ところが, 単回帰式を求めてみると

$$Y = \boxed{11.529} \times x_1 + 15.090$$

となり, この単回帰係数は x_1 の偏回帰係数と一致しません.
　次に, y と x_2 の単回帰式も求めてみると

$$Y = \boxed{0.721} \times x_2 + 21.957$$

となり, やはり, x_2 の偏回帰係数に一致していません.

　つまり, x_1 の偏回帰係数は, 単に
　　　"従属変数 y と独立変数 x_1 の間の関係を示しているのではない"
ということがわかります.

そこで，相関係数と1次式の関係を思い出すと…

- y と x_2 の相関係数

  $r_{yx_2} = 0.867$ $\Rightarrow$ y と x_2 の間に 1次式の関係がある

- x_1 と x_2 の相関係数

  $r_{x_1x_2} = 0.754$ $\Rightarrow$ x_1 と x_2 の間に 1次式の関係がある

ということは，y と x_1 の関係を見るためには，y と x_1 から，それぞれ x_2 の影響 を取り除いておく必要がありそうです．

次の2つの表をみてみよう!!

表 1.5.1　y と x_2 の単回帰分析

平均寿命 y	x_2 から y の予測値 Y	残差 $y - Y = v$
62	66.638	-4.638
56	57.270	-1.270
69	63.756	5.244
72	65.918	6.082
83	78.169	4.831
79	83.214	-4.214
57	63.035	-6.035

平均寿命 y から
タンパク質 x_2 の影響を
取り除いたデータ

表 1.5.2　x_1 と x_2 の単回帰分析

医療費 x_1	x_2 から x_1 の予測値 X_1	残差 $x_1 - X_1 = u$
4.5	4.499	0.001
3.7	3.842	-0.142
5.1	4.297	0.803
4.6	4.448	0.152
5.8	5.307	0.493
5.2	5.661	-0.461
3.4	4.246	-0.846

医療費 x_1 から
タンパク質 x_2 の影響を
取り除いたデータ

残差 $y - Y$ と 残差 $x_1 - X_1$ の単回帰式を計算してみると，

$$y - Y \ = \ 7.926 \ \times \ x_1 - X_1 \ + \ 0.000$$

となり，

$$偏回帰係数 = \begin{array}{l} 他の独立変数からの影響を \\ 取り除いたときの単回帰係数 \end{array}$$

であることがわかります．

したがって，

　　　"偏回帰係数は　他の独立変数の影響を取り除いたときの
　　　　　　　　　　独立変数が従属変数におよぼす関係の強さ"

を表しています．

　たとえば，表 1.1.1 のデータの場合
2 つの偏回帰係数 7.926 と 0.320 を比較すると，
平均寿命にとって，

　　　"タンパク質摂取量よりも医療費の割合の方が大切な要因"
であることがわかります．

でも単位の影響は？

偏回帰係数の検定の場合

検定統計量

$$t\,値 = \frac{偏回帰係数}{標準誤差}$$

なので，標準誤差が大きいと
検定統計量は小さくなり
仮説は棄却されません

重回帰分析用のソフトによっては

$$F_0 = \frac{b_1{}^2}{\dfrac{S_{x_2}{}^2}{DET} \times V_E} \geqq F(1, N - p - 1 ; \alpha)$$

により，偏回帰係数の検定をしている場合
があります

重回帰分析のコンピュータの出力では，次の表のように

表 1.5.3

	偏回帰係数	標準誤差	標準偏回帰係数
X_1	7.926	2.549	0.639
X_2	0.320	0.171	0.385

標準誤差［SE］を出力しているのが一般的です．

standard error

標準誤差とは，

"推定値の標準偏差"

のこと*!!*

つまり，重回帰モデル β_1, β_2 の推定値 b_1, b_2 の標準偏差のことです．

b_1 の分布の平均 $E(b_1) = \beta_1$
b_2 の分布の平均 $E(b_2) = \beta_2$

b_1, b_2 は y の1次式で
表されるので
正規分布に従います

ところで，標準誤差 SE が大きいときは注意が必要です*!!*

例えば，次の区間推定の公式

偏回帰係数 β_i の $100(1-\alpha)$ ％　区間推定の公式

$$b_i - t\left(N-p-1 ; \frac{\alpha}{2}\right) \times SE(b_i) \;\; \leqq \;\; \beta_i \;\; \leqq \;\; b_i + t\left(N-p-1 ; \frac{\alpha}{2}\right) \times SE(b_i)$$

をみてもわかるように，

"標準誤差 $SE(b_i)$ が大きいと，信頼区間の幅が広くなる"

ので，区間推定が有効でなくなります．

ということは…

その独立変数 x_i はあまり重視すべきでないと考えられます．

次のコンピュータの出力をながめてみよう*!!*

表1.5.4　表1.3.2とは別の重回帰式

Model		Unstandardized Coefficients B	Std. Error	Standardized Coefficients Beta	t	Sig.
1	(Constant)	11.127	8.117		1.371	.242
	医療費	7.926	2.549	.639	3.110	.036
	タンパク質	320.254	170.787	.385	1.875	.134

a. Dependent Variable：平均寿命

このコンピュータの出力から，重回帰式は
$$Y = 7.926 \times x_1 + 320.254 \times x_2 + 11.127$$
になっていることがわかります.

次に，この2つの偏回帰係数をながめてみると……

x_2の偏回帰係数320.254が，x_1の偏回帰係数7.926に比べて
ずいぶん大きいことに気づきます.

そこで，独立変数x_2は独立変数x_1より，従属変数yに
大きく影響を与えているのでは，
と考えたくなりますが…….

このコンピュータの出力と，表1.3.2の出力を比べてみると，
この2つの表の数値が非常によく似ていますね*!!*

実は，表1.5.4の出力は，独立変数x_2の単位を
$$(g) \rightarrow (kg)$$
に換えて，計算されたものです.

つまり，同じデータでも，変数の単位を換えることにより，
　　"偏回帰係数の値が大きく変わり，
　　　　分析結果の解釈までも変わってしまう"
ことがあります.

そこで，変数の単位の影響を取り除く方法が考え出されました．
それが

"データの標準化"

です．

次の式

データ － 平均値
―――――――――
標準偏差

←平均値を 0 に
　分散を 1^2 に
　標準化します

により，変数の平均値を 0 に，分散を 1^2 に変換します．

この方法で求めた偏回帰係数を**標準偏回帰係数**といいます．

表 1.5.4 と表 1.3.2 の
標準偏回帰係数が
一致していることを
確認しておきましょう

表 1.3.2 の標準偏回帰係数は

医療費	x_1 ……	0.639
タンパク質	x_2 ……	0.385

となっているので，平均寿命には，タンパク質摂取量よりも
医療費の割合の方が大切な要因であることがわかります．

コンピュータの出力で

"Standardized"　とか　"標準化"

とあるのは，

"データの標準化をしている"

という意味です．

1.6 その独立変数は予測に必要か？

重回帰分析では，独立変数をどう取り扱うかは大切な問題です．
つまり，

偏回帰係数の
検定です

1 どのような独立変数を選べばよいか？
2 重回帰式で使われた独立変数は予測に必要か？

などのような問題が起こってきます．

ここでは，2 の問題を取り上げることにします．
そこで，

"独立変数 x_i は予測に必要でない⇔偏回帰係数 b_i が小さい"
と考えられるので，
調べなければならないことは

"偏回帰係数 b_i ＝ ほとんど 0 ？"
ということになります．

しかし，…
どの程度 b_i が 0 に近ければ，x_i は不必要とすべきなのでしょうか？

ここで，偏回帰係数 b_i が

重回帰モデル	$\begin{cases} y_1 = \beta_1 \times x_{11} + \beta_2 \times x_{21} + \beta_0 + \varepsilon_1 \\ y_2 = \beta_1 \times x_{12} + \beta_2 \times x_{22} + \beta_0 + \varepsilon_2 \\ \vdots \qquad\qquad\qquad \vdots \\ y_N = \beta_1 \times x_{1N} + \beta_2 \times x_{2N} + \beta_0 + \varepsilon_N \end{cases}$

$\beta i = E(bi)$

の 母 偏回帰係数 β_i の推定値だったことを思い出すと，…

解説

このとき

$$\text{仮説 H}_0: \beta_1 = 0$$
$$\text{仮説 H}_0: \beta_2 = 0$$

という仮説の検定という方法に気づきます.

　この検定の結果，仮説 H_0 が棄却されると，$\beta_i \neq 0$ になるので
　　　"その独立変数 x_i は従属変数 y に影響を与える"
のように解釈できます.

　仮説 H_0 が棄却されなければ，
　　　"その独立変数 x_i は従属変数 y に影響を与えるとはいえない"
となります.

　したがって,
　　　　"偏回帰係数の検定 は重回帰分析の中心的話題"
の１つです.

『標準誤差［SE］と標準偏差［SD］はちがうものですか？』
という質問を受けることがよくあります

標準誤差とは，推定値の標準偏差
または，推定量の分布の標準偏差のこと

例えば，正規分布 $N(\mu, \sigma^2)$ の確率変数を X とすると
確率変数 X の平均 $\bar{X}$ の分布は $N(\mu, \frac{\sigma^2}{N})$ になります
したがって

$$\bar{X} \text{の標準偏差} = \frac{\sigma}{\sqrt{N}} = \text{標準誤差}$$

となります

$$\bar{X} = \frac{X_1 + X_2 + \cdots + X_N}{N}$$

表 1.1.1 のデータのコンピュータの出力は……。

表 1.6.1 表 1.1.1 のコンピュータの出力

Model		Unstandardized Coefficients B	Std. Error	Standardized Coefficients Beta	t	Sig.
1	(Constant)	11.127	8.117		1.371	.242
	医療費	7.926	2.549	.639	3.110	.036
	タンパク質	.320	.171	.385	1.875	.134

a. Dependent Variable：平均寿命

この t は，検定統計量

$$t_0 = \frac{b_i}{SE(b_i)}$$

b_i＝偏回帰係数
$SE(b_i)$＝標準誤差

のことで，この検定統計量の分布は

$$自由度 N-p-1 の t 分布$$

に従っています。

よって，

$$3.110 = \frac{7.926}{2.549}$$

$$t_0 = \frac{b_i}{SE(b_i)} \geq t\left(N-p-1 : \frac{\alpha}{2}\right)$$

ならば，有意水準 α で
仮説 $H_0 : \beta_i = 0$ は棄却されます。

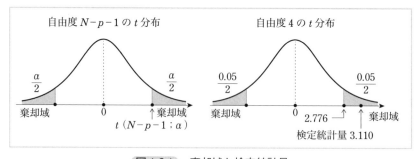

図 1.6.1 棄却域と検定統計量

有意水準を $\alpha = 0.05$ とすれば

$$t_0 = 3.110 \quad \geqq \quad t\left(7-2-1\,;\,\frac{0.05}{2}\right) = 2.776$$

$$t_0 = 1.875 \quad < \quad t\left(7-2-1\,;\,\frac{0.05}{2}\right) = 2.776$$

なので，仮説の検定結果は

仮説 H_0：$\beta_1 = 0$ ⇨ 棄却される

仮説 H_0：$\beta_2 = 0$ ⇨ 棄却されない

となります．

したがって，

独立変数 x_1 は予測に役立つ

独立変数 x_2 は予測に役立つとはいえない

となります．

ところで，このとき片方の独立変数を取り除くと，
残りの独立変数の偏回帰係数の検定は有意になることがあります．

例えば，医療費を取り除いてみると…

表 1.6.2　医療費を除いたときの重回帰分析の出力結果

Model		Unstandardized Coefficients B	Std. Error	Standardized Coefficients Beta	t	Sig.
1	(Constant)	21.957	12.124		1.811	.130
	タンパク質	.721	.186	.867	3.884	.012

a. Dependent Variable：平均寿命

偏回帰係数の検定をしたところ，有意でない独立変数が
いくつかあったからといって，そのような独立変数を
すべて取り除くべきではないことがわかります．

$$F_0 = (t_0)^2 \geqq F(1,\, N-p-1\,;\,\alpha)$$

F 分布による検定
もあります

1.7 独立変数の上手な選び方

重回帰分析では

"独立変数として何を選べばよいか？"

という大問題があります．

予測や制御に役立つことが重回帰分析の目的なので，
従属変数に影響を与えていると思われる

"独立変数をどんどん選ぶ!!"

のが，独立変数選択の第1歩です!?

ところが，ここに落し穴があります．
従属変数に影響を与えている独立変数には，"似たもの"が多い!!
"似たもの"とは，

● 1次式の関係がある独立変数たち

を意味します．
重回帰分析では，偏回帰係数を求めるときに

● 分散共分散行列の逆行列の計算

が必要になります．
ところが，"似たもの"が存在すると，

● 分散共分散行列の逆行列が存在しない

● 逆行列が計算できても，誤差が大きくなる

となり，重回帰式の信頼性が低くなります．

独立変数間に1次式の関係があるときには，

"独立変数間に**共線性**がある"

といいます．
共線性がいくつか存在するとき，

"**多重共線性**がある"

といいます．

次のデータには，どこかに共線性が隠れています．

表 1.7.1　共線性のあるデータ

No.	Y	x_1	x_2	x_3	x_4
1	4	2	2	4	2
2	2	1	1	2	1
3	3	2	5	5	3
4	4	3	9	8	5
5	8	4	1	7	3
6	7	4	4	8	4
7	2	1	1	2	1
8	4	3	9	8	5
9	3	2	2	4	2
10	1	1	7	4	3

　このデータを使って，重回帰分析をおこなうと，
次のような出力となります．

表 1.7.2

Model		Unstandardized Coefficients B	Unstandardized Coefficients Std. Error	Standardized Coefficients Beta	t	Sig.
1	(Constant)	.307	.260		1.178	.277
	X1	2.338	.129	1.232	18.083	.000
	X4	−.650	.103	−.428	−6.283	.000

a. Dependent Variable：Y

Excluded Variables [a]

Model		Beta In	t	Sig.	Partial Correlation	Collinearity Statistics Tolerance
1	X2	.[b]	.	.	.	.000
	X3	.[b]	.	.	.	.000

【ステップワイズ法という名の変数選択】

　独立変数の選び方のコツは，とにかくどんどん原因をさがしてくること．

　すると，その中には同じような互いに関連のある原因が
含まれているだろう．

　そこで，多重共線性をさけるために，相関係数が1に近い独立変数は
そのどちらかを分析から外してしまう．

　次は……!?

　次は，コンピュータにまかせることにしよう．

　独立変数選択の手法はいくつも開発されている．

　ここでは，ステップワイズ法の手順について，簡単に説明しよう．

$$F値 = (t値)^2 \qquad F_0 = (t_0)^2$$

手順① a 個の独立変数のうち，

　従属変数 y との単相関係数の最も大きい独立変数を選び出し，

　この偏回帰係数の F 値 $= F_0$ が

　　　$F_0 \geqq F_{\text{in}}$ ならば，その独立変数を x_1 とする．そして手順②へ

　　　$F_0 < F_{\text{in}}$ ならば，適切な独立変数は1つもないので分析は終了．

手順② 残りの $a-1$ 個の独立変数を1つずつ取り上げ，

　その偏回帰係数の F 値の中で，最大の F 値 $= F_0$ が

　　　$F_0 \geqq F_{\text{in}}$ ならば，その独立変数を x_2 とする．そして手順③へ

　　　$F_0 < F_{\text{in}}$ ならば，独立変数は x_1 だけを採用し，終了．

手順③ 採用された独立変数 x_1, x_2 に対し，

　x_2 以外の偏回帰係数の F 値を計算し，

　その最小の F 値 $= F_0$ が

　　　$F_0 \geqq F_{\text{out}}$ ならば，手順④へ

　　　$F_0 < F_{\text{out}}$ ならば，その独立変数 x_1 を棄て，

　　　　　　　　　x_2 を x_1 とつけなおし，手順②へ

手順④ 残りの $a-2$ 個の独立変数を 1 つずつ取り上げ,

その偏回帰係数の F 値の中で,最大の F 値 $= F_0$ が

$F_0 \geqq F_{\text{in}}$ ならば,その独立変数を x_3 とする.そして手順⑤へ

$F_0 < F_{\text{in}}$ ならば,独立変数は x_1, x_2 を採用し,終了.

手順⑤ 採用された独立変数 x_1, x_2, x_3 に対し,

x_3 以外の偏回帰係数の F 値を計算し,

その最小の F 値 $= F_0$ が

$F_0 \geqq F_{\text{out}}$ ならば,手順⑥へ

$F_0 < F_{\text{out}}$ ならば,その独立変数を棄て,残りの独立変数を
新しく x_1, x_2 とつけなおし,手順④へ

手順⑥ 残りの $a-3$ 個の独立変数を 1 つずつ取り上げ,

その偏回帰係数の F 値の中で,最大の F 値 $= F_0$ が

$F_0 \geqq F_{\text{in}}$ ならば,その独立変数を x_4 とする.そして手順⑦へ

$F_0 < F_{\text{in}}$ ならば,独立変数は x_1, x_2, x_3 を採用し,終了.

手順⑦ 採用された独立変数 x_1, x_2, x_3, x_4 に対し,

x_4 以外の偏回帰係数の F 値を計算し,その最小の F 値 $= F_0$ が

$F_0 \geqq F_{\text{out}}$ ならば,手順⑧へ

$F_0 < F_{\text{out}}$ ならば,その独立変数を棄て,残りの独立変数を
新しく x_1, x_2, x_3 とつけなおし,手順⑥へ.

手順⑧

⋮

これを
眠くなるまで
くり返してね

ステップワイズ法は
"眠られぬ夜のために"
だね！

だね〜

第2章

重回帰分析をしよう
重回帰分析の計算手順

2.1　重回帰式を求めよう

重回帰分析とは

$$\text{従属変数 } y \rightleftarrows \text{独立変数 } x_1 + \text{独立変数 } x_2 + \cdots + \text{独立変数 } x_p$$

のように，1つの従属変数といくつかの独立変数を結び，この式を用いて
独立変数から従属変数を予測，従属変数から独立変数を制御する手法です.

したがって，この関係を1次式で表すならば，

$$y \overset{\text{制御}}{\underset{\text{予測}}{\rightleftarrows}} \quad Y = b_1 \times x_1 + b_2 \times x_2 + \cdots + b_p \times x_p + b_0$$

b_1, b_2 は偏回帰係数　　　　定数項

となります. この式 Y を**重回帰式**といいます.

重回帰分析は，この重回帰式を求めることから始まります.

そこで，実測値 y，重回帰式による予測値 Y に対して，
次のような残差の表を作ります.

データは
表 1.1.1

表 2.1.1　表 1.1.1 の実測値，予測値，残差

実測値 y	予測値 Y	残差 $y - Y$
62	$b_1 \times 4.5 + b_2 \times 62 + b_0$	$62 - (4.5 \times b_1 + 62 \times b_2 + b_0)$
56	$b_1 \times 3.7 + b_2 \times 49 + b_0$	$56 - (3.7 \times b_1 + 49 \times b_2 + b_0)$
⋮	⋮	⋮
57	$b_1 \times 3.4 + b_2 \times 57 + b_0$	$57 - (3.4 \times b_1 + 57 \times b_2 + b_0)$

　重回帰式を求めるということは,

偏回帰係数 b_1, b_2 を求めること

なので, 表 2.1.1 の残差が小さくなる b_1, b_2 を求めます.

　実際には, 残差の 2 乗和 Q (b_1, b_2) を最小にする b_1, b_2 を求めます.

表 2.1.1 の場合

残差の 2 乗和
最小 2 乗法

$$Q\ (b_1, b_2) = \{62 - (4.5 \times b_1 + 62 \times b_2 + b_0)\}^2$$
$$+ \{56 - (3.7 \times b_1 + 49 \times b_2 + b_0)\}^2$$
$$+ \cdots + \{57 - (3.4 \times b_1 + 57 \times b_2 + b_0)\}^2$$

となるので, この Q (b_1, b_2) を b_1, b_2 で偏微分して

$$\begin{cases} \dfrac{\partial Q(b_1, b_2)}{\partial b_1} = 2 \times \{62 - (4.5 \times b_1 + 62 \times b_2 + b_0)\} \times (-4.5) \\[2mm] \qquad\qquad + \cdots + 2 \times \{57 - (3.4 \times b_1 + 57 \times b_2 + b_0)\} \times (-3.4) = 0 \\[3mm] \dfrac{\partial Q(b_1, b_2)}{\partial b_2} = 2 \times \{62 - (4.5 \times b_1 + 62 \times b_2 + b_0)\} \times (-62) \\[2mm] \qquad\qquad + \cdots + 2 \times \{57 - (3.4 \times b_1 + 57 \times b_2 + b_0)\} \times (-57) = 0 \end{cases}$$

という連立方程式を解けばよいのですが….

2 次式を偏微分したので
1 次式になります

この解は, 次の行列の解 $\begin{bmatrix} b_1 \\ b_2 \end{bmatrix}$ に一致します.

平方和積和行列 $\begin{bmatrix} 4.309 & 48.471 \\ 48.471 & 959.429 \end{bmatrix} \cdot \begin{bmatrix} b_1 \\ b_2 \end{bmatrix} = \begin{bmatrix} 49.671 \\ 691.428 \end{bmatrix}$

[　] $\cdot$ [　] は
行列の掛け算です

分散共分散行列 $\begin{bmatrix} 0.718 & 8.079 \\ 8.079 & 159.905 \end{bmatrix} \cdot \begin{bmatrix} b_1 \\ b_2 \end{bmatrix} = \begin{bmatrix} 8.278 \\ 115.238 \end{bmatrix}$

重回帰分析のデータの型と統計量の公式

手順 1 データの型から，次の統計量を計算する．

No	データの型			データの2乗		
	y	x_1	x_2	y^2	$x_1{}^2$	$x_2{}^2$
1	y_1	x_{11}	x_{21}	$y_1{}^2$	$x_{11}{}^2$	$x_{21}{}^2$
2	y_2	x_{12}	x_{22}	$y_2{}^2$	$x_{12}{}^2$	$x_{22}{}^2$
$\vdots$	$\vdots$	$\vdots$	$\vdots$	$\vdots$	$\vdots$	$\vdots$
N	y_N	x_{1N}	x_{2N}	$y_N{}^2$	$x_{1N}{}^2$	$x_{2N}{}^2$
合計	$\sum y_i$	$\sum x_{1i}$	$\sum x_{2i}$	$\sum y_i{}^2$	$\sum x_{1i}{}^2$	$\sum x_{2i}{}^2$

No	データの積		
	$y \times x_1$	$y \times x_2$	$x_1 \times x_2$
1	$y_1 \times x_{11}$	$y_1 \times x_{21}$	$x_{11} \times x_{21}$
2	$y_2 \times x_{12}$	$y_2 \times x_{22}$	$x_{12} \times x_{22}$
$\vdots$	$\vdots$	$\vdots$	$\vdots$
N	$y_N \times x_{1N}$	$y_N \times x_{2N}$	$x_{1N} \times x_{2N}$
合計	$\sum y_i \times x_{1i}$	$\sum y_i \times x_{2i}$	$\sum x_{1i} \times x_{2i}$

$\displaystyle\sum_{i=1}^{N} y_i{}^2$ …データの2乗 の合計

$\displaystyle\sum_{i=1}^{N} (y_i - \bar{y})^2$ …平方和

$\displaystyle\sum_{i=1}^{N} y_i \times x_{1i}$ …データの積 の合計

$\displaystyle\sum_{i=1}^{N} (y_i - \bar{y}) \times (x_{1i} - \bar{x})$ …積和

重回帰分析のデータの型と統計量の例題

手順 **1** データから，次の統計量を計算すると…

No	平均寿命 y	医療費 x_1	タンパク質 x_2	データの2乗 y^2	データの2乗 x_1^2	データの2乗 x_2^2
1	62	4.5	62	3844	20.25	3844
2	56	3.7	49	3136	13.69	2401
3	69	5.1	58	4761	26.01	3364
4	72	4.6	61	5184	21.16	3721
5	83	5.8	78	6889	33.64	6084
6	79	5.2	85	6241	27.04	7225
7	57	3.4	57	3249	11.56	3249
合計	478	32.3	450	33304	153.35	29888

No	データの積 $y \times x_1$	データの積 $y \times x_2$	データの積 $x_1 \times x_2$
1	279.0	3844	279.0
2	207.2	2744	181.3
3	351.9	4002	295.8
4	331.2	4392	280.6
5	481.4	6474	452.4
6	410.8	6715	442.0
7	193.8	3249	193.8
合計	2255.3	31420	2124.9

データ数 $N = 7$

合計の2乗 $\left(\sum_{i=1}^{N} x_i\right)^2$ と 2乗の合計 $\sum_{i=1}^{N} x_i^2$ に要注意！？

重回帰式の求め方の公式

手順 2 平方和と積和を計算する.

$$S_{y^2} \quad = \Sigma(y_i - \bar{y})^2 = \Sigma y_i^2 - \frac{(\Sigma y_i)^2}{N}$$

$$S_{x_1^2} \quad = \Sigma(x_{1i} - \bar{x}_1)^2 = \Sigma x_{1i}^2 - \frac{(\Sigma x_{1i})^2}{N}$$

$$S_{x_2^2} \quad = \Sigma(x_{2i} - \bar{x}_2)^2 = \Sigma x_{2i}^2 - \frac{(\Sigma x_{2i})^2}{N}$$

$$S_{y \times x_1} = \Sigma(y_i - \bar{y}) \times (x_{1i} - \bar{x}_1) = \Sigma y_i \times x_{1i} - \frac{(\Sigma y_i) \times (\Sigma x_{1i})}{N}$$

$$S_{y \times x_2} = \Sigma(y_i - \bar{y}) \times (x_{2i} - \bar{x}_2) = \Sigma y_i \times x_{2i} - \frac{(\Sigma y_i) \times (\Sigma x_{2i})}{N}$$

$$S_{x_1 \times x_2} = \Sigma(x_{1i} - \bar{x}_1) \times (x_{2i} - \bar{x}_2) = \Sigma x_{1i} \times x_{2i} - \frac{(\Sigma x_{1i}) \times (\Sigma x_{2i})}{N}$$

$$S_{y^2} = S_T$$

手順 3 平方和積和行列と逆行列を計算する.

平方和積和行列

$$\begin{bmatrix} S_{x_1^2} & S_{x_1 \times x_2} \\ S_{x_1 \times x_2} & S_{x_2^2} \end{bmatrix}$$

$$DET = S_{x_1^2} \times S_{x_2^2} - (S_{x_1 \times x_2})^2$$

逆行列

$$\begin{bmatrix} \dfrac{S_{x_2^2}}{DET} & \dfrac{-S_{x_1 \times x_2}}{DET} \\ \dfrac{-S_{x_1 \times x_2}}{DET} & \dfrac{S_{x_1^2}}{DET} \end{bmatrix}$$

DET
＝determinant
＝行列式

重回帰式の求め方の例題

手順 2 平方和と積和を計算すると…

S_{y^2} = $\boxed{33304}$ − $\dfrac{\boxed{478}^2}{\boxed{7}}$ = $\boxed{663.429}$

$S_{x_1^2}$ = $\boxed{153.35}$ − $\dfrac{\boxed{32.3}^2}{\boxed{7}}$ = $\boxed{4.309}$

$S_{x_2^2}$ = $\boxed{29888}$ − $\dfrac{\boxed{450}^2}{\boxed{7}}$ = $\boxed{959.429}$

$S_{y \times x_1}$ = $\boxed{2255.3}$ − $\dfrac{\boxed{478} \times \boxed{32.3}}{\boxed{7}}$ = $\boxed{49.671}$

$S_{y \times x_2}$ = $\boxed{31420}$ − $\dfrac{\boxed{478} \times \boxed{450}}{\boxed{7}}$ = $\boxed{691.429}$

$S_{x_1 \times x_2}$ = $\boxed{2124.9}$ − $\dfrac{\boxed{32.3} \times \boxed{450}}{\boxed{7}}$ = $\boxed{48.471}$

$S_y{}^2 = S_T$

手順 3 平方和積和行列と逆行列を計算すると…

平方和積和行列

$$\begin{bmatrix} 4.309 & 48.471 \\ 48.471 & 959.429 \end{bmatrix}$$

計算は Excel 関数を利用しています

$DET = \boxed{4.309} \times \boxed{959.429} - \boxed{48.471}^2 = \boxed{1784.287}$

逆行列

$$\begin{bmatrix} \dfrac{959.429}{1784.287} & \dfrac{-48.471}{1784.287} \\ \dfrac{-48.471}{1784.287} & \dfrac{4.309}{1784.287} \end{bmatrix} = \begin{bmatrix} 0.538 & -0.027 \\ -0.027 & 0.002 \end{bmatrix}$$

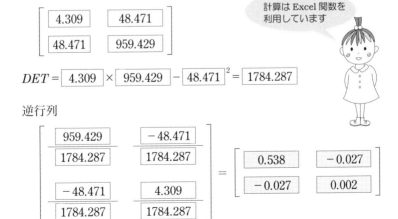

手順 ④ 偏回帰係数 b_1, b_2 と定数項 b_0 を計算する

$$b_1 = \frac{S_{x_2^2}}{DET} \times S_{y \times x_1} + \frac{-S_{x_1 \times x_2}}{DET} \times S_{y \times x_2}$$

$$b_2 = \frac{-S_{x_1 \times x_2}}{DET} \times S_{y \times x_1} + \frac{S_{x_1^2}}{DET} \times S_{y \times x_2}$$

$$b_0 = \frac{\sum y_i}{N} - b_1 \times \frac{\sum x_{1i}}{N} - b_2 \times \frac{\sum x_{2i}}{N}$$

分散共分散行列

$$\begin{bmatrix} \dfrac{S_{x_1^2}}{N-1} & \dfrac{S_{x_1 \times x_2}}{N-1} \\ \dfrac{S_{x_1 \times x_2}}{N-1} & \dfrac{S_{x_2^2}}{N-1} \end{bmatrix}$$

$$\text{DET} = \frac{S_{x_1^2}}{N-1} \times \frac{S_{x_2^2}}{N-1} - \left(\frac{S_{x_1 \times x_2}}{N-1}\right)^2$$

逆行列

$$\begin{bmatrix} \dfrac{S_{x_2^2}}{N-1} \times \dfrac{1}{\text{DET}} & \dfrac{-S_{x_1 \times x_2}}{N-1} \times \dfrac{1}{\text{DET}} \\ \dfrac{-S_{x_1 \times x_2}}{N-1} \times \dfrac{1}{\text{DET}} & \dfrac{S_{x_1^2}}{N-1} \times \dfrac{1}{\text{DET}} \end{bmatrix}$$

N はデータ数です

手順 ④ 偏回帰係数 b_1, b_2 と定数項 b_0 を計算すると…

$$b_1 = \boxed{0.538} \times \boxed{49.671} + \boxed{-0.027} \times \boxed{691.429} = \boxed{7.926}$$

$$b_2 = \boxed{-0.027} \times \boxed{49.671} + \boxed{0.002} \times \boxed{691.429} = \boxed{0.320}$$

$$b_0 = \boxed{\frac{478}{7}} - \boxed{7.926} \times \boxed{\frac{32.3}{7}} - \boxed{0.320} \times \boxed{\frac{450}{7}} = \boxed{11.127}$$

Excel 関数で
計算しています

分散共分散行列

$$\begin{bmatrix} \dfrac{4.309}{7-1} & \dfrac{48.471}{7-1} \\[2mm] \dfrac{48.471}{7-1} & \dfrac{959.429}{7-1} \end{bmatrix} = \begin{bmatrix} 0.718 & 8.079 \\ 8.079 & 159.905 \end{bmatrix}$$

$$\text{DET} = \boxed{0.718} \times \boxed{159.905} - \boxed{8.079}^2 = \boxed{49.564}$$

逆行列

$$\begin{bmatrix} \dfrac{159.905}{49.564} & \dfrac{-8.079}{49.564} \\[2mm] \dfrac{-8.079}{49.564} & \dfrac{0.718}{49.564} \end{bmatrix} = \begin{bmatrix} 3.226 & -0.163 \\ -0.163 & 0.014 \end{bmatrix}$$

例題の計算は Excel を使っています
有効数字のケタ数によって，数値が少し異なります

演習 重回帰分析 —その1—

■重回帰式を求める

「ミッドウインター女性バラバラ殺人事件」

ミッドウインター市の郊外で,
若い女性の切断された死体が発見された.

バナビ警部はさっそく調査を開始した.

鑑識課の報告によると,見つかった死体は脚と腕の2か所のみだった.

　　　　　脚の長さは 78 ,腕の長さは 64 .

バナビ警部は,最近,行方不明の女性のファイルを調べたところ,
身長がわかれば,被害者の身元が判明することがわかった.

しかし,脚と腕の情報から,身長がわかるのだろうか?

バナビ警部は,イシム博士の協力のもと,重回帰分析を使って,
身長を推定することにした.

そこで,さっそく,若い女性の脚の長さ,腕の長さ,身長のデータを
収集してみたところ,次のようになった.

この被害者の身長は,何センチメートルなのだろうか?

表2.1.2　若い女性の脚と腕の長さ

No	身長	脚の長さ	腕の長さ
1	168	77	70
2	152	65	58
3	154	71	61
4	173	79	69
5	157	72	65
6	159	73	61
7	165	75	70
8	161	73	69
9	175	83	71
10	163	69	65

手順 1　データといろいろな統計量の計算をしよう

	y	x_1	x_2	y^2	$x_1{}^2$	$x_2{}^2$	$y \times x_1$	$y \times x_2$	$x_1 \times x_2$
1	168	77	70						
2	152	65	58						
3	154	71	61						
4	173	79	69						
5	157	72	65						
6	159	73	61						
7	165	75	70						
8	161	73	69						
9	175	83	71						
10	163	69	65						
合計									

↑　　　↑　　　↑
身長　脚の長さ　腕の長さ

手順 2　平方和と積和の計算をしよう

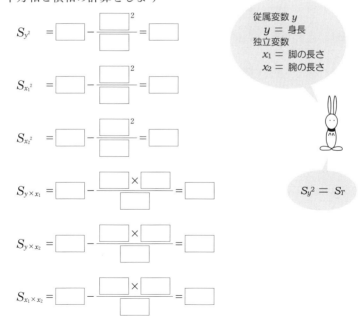

$$S_{y^2} = \boxed{} - \frac{\boxed{}^2}{\boxed{}} = \boxed{}$$

$$S_{x_1{}^2} = \boxed{} - \frac{\boxed{}^2}{\boxed{}} = \boxed{}$$

$$S_{x_2{}^2} = \boxed{} - \frac{\boxed{}^2}{\boxed{}} = \boxed{}$$

$$S_{y \times x_1} = \boxed{} - \frac{\boxed{} \times \boxed{}}{\boxed{}} = \boxed{}$$

$$S_{y \times x_2} = \boxed{} - \frac{\boxed{} \times \boxed{}}{\boxed{}} = \boxed{}$$

$$S_{x_1 \times x_2} = \boxed{} - \frac{\boxed{} \times \boxed{}}{\boxed{}} = \boxed{}$$

従属変数 y
y ＝ 身長
独立変数
x_1 ＝ 脚の長さ
x_2 ＝ 腕の長さ

$S_{y^2} = S_T$

手順 3 平方和積和行列と逆行列を計算しよう.

平方和積和行列

$$\begin{bmatrix} \boxed{} & \boxed{} \\ \boxed{} & \boxed{} \end{bmatrix}$$

$$DET = \boxed{} \times \boxed{} - \boxed{}^2 = \boxed{}$$

逆行列

$$\begin{bmatrix} \dfrac{\boxed{}}{\boxed{}} & \dfrac{\boxed{}}{\boxed{}} \\ \dfrac{\boxed{}}{\boxed{}} & \dfrac{\boxed{}}{\boxed{}} \end{bmatrix} = \begin{bmatrix} \boxed{} & \boxed{} \\ \boxed{} & \boxed{} \end{bmatrix}$$

手順 4 偏回帰係数 b_1, b_2 と定数項 b_0 を計算しよう.

$$b_1 = \boxed{} \times \boxed{} + \boxed{} \times \boxed{}$$
$$= \boxed{}$$

$$b_2 = \boxed{} \times \boxed{} + \boxed{} \times \boxed{}$$
$$= \boxed{}$$

$$b_0 = \dfrac{\boxed{}}{\boxed{}} - \boxed{} \times \dfrac{\boxed{}}{\boxed{}} - \boxed{} \times \dfrac{\boxed{}}{\boxed{}}$$
$$= \boxed{}$$

被害者の身長は？

分散共分散行列と逆行列を計算して
偏回帰係数 b_1, b_2 が一致するかどうか，確かめてみよう!!

分散共分散行列

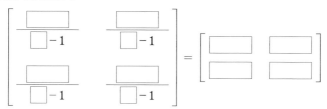

$$DET = \boxed{} \times \boxed{} - \boxed{}^2 = \boxed{}$$

逆行列

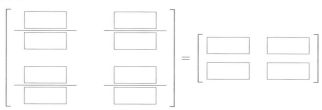

偏回帰係数

$b_1 = \boxed{} \times \boxed{8.278} + \boxed{} \times \boxed{115.238} = \boxed{}$

$b_2 = \boxed{} \times \boxed{8.278} + \boxed{} \times \boxed{115.238} = \boxed{}$

y と x_1 の共分散 　　　 y と x_2 の共分散

p.43 を見てね!

2.2 重回帰の分散分析表を作ろう

重回帰の分散分析表は，次の仮説

仮説 H_0：求めた重回帰式は予測に役立たない

を，自由度 $(p, N-p-1)$ の F 分布に従う検定統計量

$$F_0 = \frac{(N-p-1) \times \sum (y_i - \overline{Y})^2}{p \times \sum (y_i - Y_i)^2}$$

で検定するときに使います．

N はデータの数
p は独立変数の数

このとき，

$$F_0 \geq F(p, N-p-1 ; \alpha)$$

ならば，仮説 H_0 を棄却します．

したがって，仮説 H_0 が棄却されると，
重回帰式は予測に役立つと考えられます．

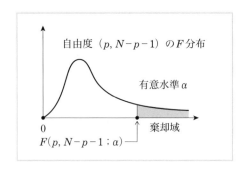

自由度 $(p, N-p-1)$ の F 分布

有意水準 α

0

$F(p, N-p-1 ; \alpha)$ — 棄却域

図 2.2.1 分散分析表の有意水準と棄却域

分散分析表による重回帰の検定は，重回帰モデル

$$y_i = \beta_1 \times x_{1i} + \beta_2 \times x_{2i} + \cdots + \beta_p \times x_{pi} + \beta_0 + \varepsilon_i$$

における

仮説 H_0：$\beta_1 = \beta_2 = \cdots = \beta_p = 0$

の検定をしています

この検定統計量 F_0 を求めるために，はじめに

$$\text{回帰による変動 } S_R = \sum_{i=1}^{N} (Y_i - \overline{Y})^2$$

$$\text{残差による変動 } S_E = \sum_{i=1}^{N} (y_i - Y_i)^2$$

表 1.4.2 と
同じだよ

を計算しておきます．

S_E の計算は，次の等式

全変動 S_T	$=$	回帰による変動 S_R	$+$	残差による変動 S_E
$\sum_{i=1}^{N} (y_i - \overline{y})^2$	$=$	$\sum_{i=1}^{N} (Y_i - \overline{Y})^2$	$+$	$\sum_{i=1}^{N} (y_i - Y_i)^2$

を利用し，

$$S_E = S_T - S_R$$

から求めると便利です．

$S_T = S_{y^2}$

S_T, S_R, S_E の値を使って，次の分散分析表を作ります．

表 2.2.1　重回帰の分散分析表

変動要因	平方和	自由度	平均平方	F 値
回帰による変動	S_R	p	$V_R = \dfrac{S_R}{p}$	$F_0 = \dfrac{V_R}{V_E}$
残差による変動	S_E	$N-p-1$	$V_E = \dfrac{S_E}{N-p-1}$	
全変動	S_T			

$$S_T = \sum_{i=1}^{N} (y_i - \overline{y})^2 = S_{y^2}$$

分散分析表の作り方—公式

手順 1 統計量の計算をする.

分散分析表を作るときに必要な統計量は,次の5つ.

$$S_R \qquad S_E \qquad V_R \qquad V_E \qquad F_0$$

しかし,これらの値は,重回帰式の公式のところで求めた

$$S_{y^2} = \qquad\qquad S_{y \times x_1} = \qquad\qquad S_{y \times x_2} =$$

$$b_1 = \qquad\qquad b_2 =$$

を利用すれば,簡単に計算することができます.

$$S_R = b_1 \times S_{y \times x_1} + b_2 \times S_{y \times x_2}$$

$$S_E = S_{y^2} - S_R$$

$$V_R = \frac{S_R}{p} \qquad\qquad V_E = \frac{S_E}{N - p - 1}$$

$$F_0 = \frac{V_R}{V_E}$$

$S_T = S_{y^2}$

手順 2 分散分析表を作る.

変動	平方和	自由度	平均平方	F値
回帰による変動	S_R	p	V_R	F_0
残差による変動	S_E	$N-p-1$	V_E	

手順 3 重回帰の検定をする.

仮説 H_0:重回帰式は予測に役立たない

をたてる.有意水準 α に対し,検定統計量 F_0 が

$$F_0 \quad \geq \quad F(p, N-p-1 ; \alpha)$$

ならば,仮説 H_0 を棄却する.

分散分析表の作り方―例題

手順 **1** 統計量を計算すると…

分散分析表を作るときに必要な統計量

$$S_R \quad S_E \quad V_R \quad V_E \quad F_0$$

を計算するために，重回帰式の例題のところで求めた

$$S_{y_2} = \boxed{663.429} \quad S_{y \times x_1} = \boxed{49.671} \quad S_{y \times x_2} = \boxed{691.429} \qquad \text{←p.47}$$

$$b_1 = \boxed{7.926} \qquad b_2 = \boxed{0.320}$$

を利用すると，

$$S_R = \boxed{7.926} \times \boxed{49.671} + \boxed{0.320} \times \boxed{691.429} = \boxed{615.111}$$

$$S_E = \boxed{663.429} - \boxed{615.111} = \boxed{48.317}$$

$$V_R = \frac{\boxed{615.111}}{\boxed{2}} = \boxed{307.556} \qquad\qquad V_E = \frac{\boxed{48.317}}{\boxed{7} - \boxed{2} - 1} = \boxed{12.079}$$

$$F_0 = \frac{\boxed{307.556}}{\boxed{12.079}} = \boxed{25.461}$$

となる.

手順 **2** 分散分析表を作ると…

変動	平方和	自由度	平均平方	F 値
回帰による変動	615.111	2	307.556	25.461
残差による変動	48.317	4	12.079	

手順 **3** 重回帰式の検定をすると…

$$F_0 = \boxed{25.461} \quad \geqq \quad F(0.05) = \boxed{6.944} \qquad \text{←} F(2, 4 : 0.05)$$

なので，仮説は棄てられる.

演習　重回帰分析 ―その2―

■分散分析表を求める

「ミッドウインター女性バラバラ殺人事件」

バナビ警部の疑問

重回帰式

$$Y = \boxed{} \times x_1 + \boxed{} \times x_2 + \boxed{}$$

は，なんとか求まったのだが…….

この重回帰式は身長の予測に役に立つのだろうか？

分散分析表を作り，

重回帰式が予測に役立つかどうか，検定しよう*!!*

手順 0　分散分析表を作るために必要な統計量は，次の5つ.

$$S_R$$
$$S_E$$
$$V_R$$
$$V_E$$
$$F_0$$

この統計量を計算するために，重回帰の演習で計算した

$$S_{y^2} = \boxed{} \qquad S_{y \times x_1} = \boxed{} \qquad S_{y \times x_2} = \boxed{}$$
$$b_1 = \boxed{} \qquad b_2 = \boxed{}$$

を利用しよう.

$S_{y^2} = S_T$　　$p = 2$　　$N = 10$

手順 **1** 統計量を計算してみよう.

重回帰式の演習で求めた

$$S_{y^2} = \boxed{} \qquad S_{y \times x_1} = \boxed{} \qquad S_{y \times x_2} = \boxed{}$$ ← p.51

$$b_1 = \boxed{} \qquad b_2 = \boxed{}$$ ← p.52

を利用すると,それぞれの統計量は

$$S_R = \boxed{} \times \boxed{} + \boxed{} \times \boxed{} = \boxed{}$$

$$S_E = \boxed{} - \boxed{} = \boxed{}$$

$$V_R = \frac{\boxed{}}{\boxed{}} = \boxed{} \qquad V_E = \frac{\boxed{}}{\boxed{}} = \boxed{}$$

$$F_0 = \frac{\boxed{}}{\boxed{}} = \boxed{}$$

手順 **2** 重回帰の分散分析表を作ってみよう.

変動	平方和	自由度	平均平方	F 値
回帰による変動				
残差による変動				

手順 **3** 重回帰式の検定をしてみよう.

仮説 H_0:求めた重回帰式は役立たない

有意水準を $\alpha = \boxed{0.05}$ とすると,検定統計量は

$$F_0 = \boxed{} \quad \overset{\text{不等号}}{\boxed{}} \quad F(\boxed{}, \boxed{} ; \boxed{0.05}) = \boxed{}$$

なので,仮説 H_0 は $\boxed{}$.

したがって,この重回帰式は予測や制御に $\boxed{}$ と考えられる.

2.3 決定係数を計算しよう

重回帰式における実測値，予測値，残差の関係は，
次の平方和の等号

平方和の分解
$S_T = S_R + S_E$

$$\underset{\text{実測値の平方和}}{\sum_{i=1}^{N} (y_i - \overline{y})^2} \; = \; \underset{\text{予測値の平方和}}{\sum_{i=1}^{N} (Y_i - \overline{Y})^2} \; + \; \underset{\text{残差の平方和}}{\sum_{i=1}^{N} (y_i - Y_i)^2}$$

で表現されています.

ここでは残差に
注目してみると…

この等号を利用すれば，

　　　"求めた重回帰式は実測値に良くあてはまっているか？"
を調べることができます.

　例えば，……

　　●重回帰式のあてはまりが良い ⇔ 残差 $\sum_{i=1}^{N} (y_i - Y_i)^2$ は小さい

　　●重回帰式のあてはまりが悪い ⇔ 残差 $\sum_{i=1}^{N} (y_i - Y_i)^2$ は大きい

と考えることができます.

寄与率とも
いいます

　そこで，上の等号を変形して…
となるので，

$$R^2 = 1 - \frac{\sum (y_i - Y_i)^2}{\sum (y_i - \overline{y})^2} = 1 - \frac{残差の平方和}{実測値の平方和}$$

を**決定係数**と呼び，

　　　"R^2 が 1 に近いほど，求めた重回帰式は良くあてはまっている"
とします.

$$1 = \frac{S_R}{S_T} + \frac{S_E}{S_T} \qquad\qquad R^2 = 1 - \frac{S_E}{S_T} = \frac{S_R}{S_T}$$

次に重相関係数 R については

重相関係数 R = 予測値 Y_i と実測値 y_i との相関係数

と定義します.

よって,

"R が 1 に近いほど, 予測値は実測値に近い"

ことを示しています.

$0 \leqq R \leqq 1$

重相関係数 R と決定係数 R^2 の間には

$$重相関係数 = \sqrt{決定係数}$$

という等号が成り立つことが知られています.

ところで, 決定係数や重相関係数の定義には欠点があります.

それは,

"役に立たない独立変数を加えても,

R や R^2 は, 単純に増加する"

ということです.

この欠点をなくすために導入されたのが,

自由度調整済み決定係数 $\hat{R}^2$

です.

定義式は

$$\hat{R}^2 = 1 - \frac{(N-1) \times \Sigma(y_i - Y_i)^2}{(N-p-1) \times \Sigma(y_i - \bar{y})^2}$$

となります.

R^2 と $\hat{R}$ の間には
次の等号が成立しています

$$\hat{R}^2 = \frac{N-1}{N-p-1} \times R^2 - \frac{p}{N-p-1}$$

決定係数の計算─公式

手順 **1** 統計量を求める.
ここで必要な統計量

$$S_E = \qquad S_{y^2} = $$

は，重回帰式や分散分析表のところで求まっている.

$S_{y^2} = S_T$

手順 **2** 決定係数と自由度調整済み決定係数を求める.

$$決定係数\ R^2 = 1 - \frac{S_E}{S_{y^2}}$$

$$自由度調整済み決定係数\ \hat{R}^2 = 1 - \frac{(N-1) \times S_E}{(N-p-1) \times S_{y^2}}$$

$N=$ データの個数
$p=$ 独立変数の個数

$$\hat{R}^2 = \frac{N-1}{N-p-1} \times R^2 - \frac{p}{N-p-1}$$

$$= 1 - \frac{N-1}{N-p-1} \times (1 - R^2)$$

手順 **3** 重相関係数を求める.

$$重相関係数\ R = \sqrt{決定係数}$$
$$= \sqrt{R^2}$$

決定係数の計算—例題

手順 1 統計量を求めると…

ここで必要な統計量

$$S_E = \boxed{48.317} \qquad S_{y^2} = \boxed{663.429}$$

は，重回帰式や分散分析表のところで求まっているので…

p.47 と p.57 です $S_{y^2} = S_T$

手順 2 決定係数と自由度調整済み決定係数を求めると…

$$\text{決定係数 } R^2 = 1 - \frac{\boxed{48.317}}{\boxed{663.429}} = \boxed{0.927}$$

$$\text{自由度調整済み決定係数 } \hat{R}^2 = 1 - \frac{(\boxed{7}-1) \times \boxed{48.317}}{(\boxed{7}-\boxed{2}-1) \times \boxed{663.429}}$$

$$= \boxed{0.891}$$

確認しよう！

$$0.891 = \frac{7-1}{7-2-1} \times 0.927 - \frac{2}{7-2-1}$$

$$0.891 = 1 - \frac{7-1}{7-2-1} \times (1-0.927)$$

手順 3 重相関係数を求めると…

$$\text{重相関係数} = \sqrt{\boxed{0.927}}$$

$$= \boxed{0.963}$$

演習　重回帰分析—その3—

■決定係数を計算する

「ミッドウインター女性バラバラ殺人事件」

┌─ バナビ警部の疑問 ─────────────────────

求めた重回帰式は

$$Y = \boxed{} \times x_1 + \boxed{} \times x_2 + \boxed{}$$

である.

この重回帰式は，データによく当てはまっているのだろうか？

　　　●決定係数 R^2

　　　●自由度調整済み決定係数 $\hat{R}^2$

　　　●重相関係数 R

を求めてみよう.

└────────────────────────────────

手順 0　決定係数を計算するために必要な統計量

　　　$S_{y^2} = \boxed{}$

　　　$S_E = \boxed{}$

　　　は，すでに求まっている.

$S_{y^2} = S_T$

$p =$ 独立変数の個数
$N =$ データ数

手順 1 必要な統計量は

$$S_{y^2} = \boxed{} \qquad S_E = \boxed{}$$

↑ p.51　　　↑ p.59

手順 2 この S_E, S_{y^2} を使って，決定係数，自由度調整済み決定係数を
計算してみよう．

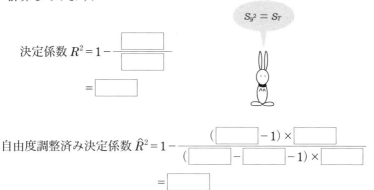

$S_{y^2} = s_T$

決定係数 $R^2 = 1 - \dfrac{\boxed{}}{\boxed{}}$

$\qquad\qquad\quad = \boxed{}$

自由度調整済み決定係数 $\hat{R}^2 = 1 - \dfrac{(\boxed{} - 1) \times \boxed{}}{(\boxed{} - \boxed{} - 1) \times \boxed{}}$

$\qquad\qquad\qquad\qquad\qquad\quad = \boxed{}$

手順 3 重相関係数を計算してみよう．

重相関係数 $R = \sqrt{\boxed{}}$

$\qquad\qquad\quad = \boxed{}$

したがって

$\boxed{}$

ということがわかる．

2.4 偏回帰係数の検定をしよう

重回帰式

$$Y = b_1 \times x_1 + b_2 \times x_2 + \cdots + b_p \times x_p + b_0$$

が求まれば，次にすべきことは

分散分析表　　決定係数　　重相関係数

の計算です．

そして，重回帰式が役立つということになれば，

"偏回帰係数の検定"

へと進みます．

この検定をすることにより

"その独立変数は従属変数に影響を与えているか？"

とか，

"その独立変数は重回帰式に必要なのか？"

などがわかってくるので，

偏回帰係数の検定は，重回帰分析にとって，重要な山場です．

ところで，偏回帰係数の検定というと

仮説 $H_0 : b_1 = 0$

仮説 $H_0 : b_2 = 0$

を検定しているように思いたくなるのだが，正しくは

仮説 $H_0 : \beta_1 = 0$

仮説 $H_0 : \beta_2 = 0$

の検定であることに注意しよう．つまり，

重回帰モデル

$$y_i = \beta_1 \times x_{1i} + \beta_2 \times x_{2i} + \beta_0 + \varepsilon_i \,(i = 1, 2, \cdots, N)$$

の 母 偏回帰係数 β_1, β_2 についての検定ですね*!!*

$p = 2$

独立変数が2個の場合

$$\frac{b_1 - \beta_1}{\sqrt{\dfrac{S_{x_2{}^2}}{DET} \times V_E}} \text{ の分布は自由度 } (N-p-1) \text{ の } t \text{ 分布になる.}$$

$$\frac{b_2 - \beta_2}{\sqrt{\dfrac{S_{x_1{}^2}}{DET} \times V_E}} \text{ の分布は自由度 } (N-p-1) \text{ の } t \text{ 分布になる.}$$

ということがわかっているので,

仮説 H_0 : $\beta_1 = 0$ が成り立つと仮定すれば

$$\frac{b_1}{\sqrt{\dfrac{S_{x_2{}^2}}{DET} \times V_E}} = \frac{b_1}{S_E(b_1)} \text{ が検定統計量になる.}$$

仮説 H_0 : $\beta_2 = 0$ が成り立つと仮定すれば

$$\frac{b_2}{\sqrt{\dfrac{S_{x_1{}^2}}{DET} \times V_E}} = \frac{b_2}{S_E(b_2)} \text{ が検定統計量になる.}$$

となります.

偏回帰係数の検定—公式

手順 1 仮説と対立仮説をたてる.

独立変数 x_1 の母偏回帰係数を β_1 とする.

$$\text{仮説} \qquad \text{H}_0 : \beta_1 = 0$$
$$\text{対立仮説 H}_1 : \beta_1 \neq 0$$

β_1 は重回帰モデルの係数

手順 2 検定統計量を計算する.

$$Sx_2{}^2 = \boxed{} \qquad DET = \boxed{} \qquad b_1 = \boxed{}$$

$$V_E = \boxed{}$$

から,検定統計量

$$t_0 = \frac{b_1}{\sqrt{\dfrac{S_{x_2{}^2}}{DET} \times V_E}}$$

を求める.

p.46〜49, 56〜57 を見てね !

手順 3 偏回帰係数の検定をする.

有意水準 α に対し,検定統計量 t_0 が

$$|t_0| \;\geqq\; t\left(N-p-1 ; \frac{\alpha}{2}\right)$$

ならば,仮説 H_0 を棄却する.

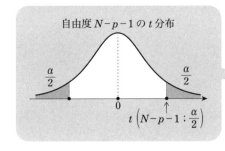

自由度 $N-p-1$ の t 分布

偏回帰係数の検定—例題

手順① 仮説と対立仮説をたてると…

仮　　説 $H_0 : \beta_1 = 0$

対立仮説 $H_1 : \beta_1 \neq 0$

$b_1 = 7.926$

手順② 検定統計量を計算すると…

重回帰式のところで求めた

$$S_{x_2^2} = \boxed{959.429} \quad DET = \boxed{1784.287} \quad b_1 = \boxed{7.926}$$

と，分散分析表のところで求めた

$$V_E = \boxed{12.079}$$

を用いると，検定統計量 t_0 は

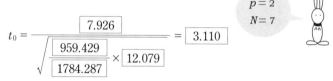

$$t_0 = \cfrac{\boxed{7.926}}{\sqrt{\cfrac{\boxed{959.429}}{\boxed{1784.287}} \times \boxed{12.079}}} = \boxed{3.110}$$

$p = 2$
$N = 7$

となる．

手順③ 偏回帰係数の検定をすると…

有意水準を $\alpha = 0.05$ とすると

$$t_0 = \boxed{3.110} \quad \geq \quad \boxed{t(7-2-1 ; 0.025)} = \boxed{2.776}$$

となり，仮説 H_0 は棄却される．

演習　重回帰分析―その4―

■偏回帰係数の検定をおこなう

「ミッドウインター女性バラバラ殺人事件」

バナビ警部の疑問

求めた重回帰式は

$$Y = \boxed{} \times \text{脚の長さ} + \boxed{} \times \text{腕の長さ} + \boxed{}$$

となったのだが，

2つの独立変数のうち，

どちらの変数が身長の予測に役立っているのだろうか？

偏回帰係数の検定をしてみよう．

手順 1 　仮説と対立仮説をたてよう．

仮説　　　$H_0 : \beta_1 = 0$

対立仮説 $H_1 : \beta_1 \neq 0$

SPSS の出力だよ！

Model		Unstandardized Coefficients		t	Sig.
		B	Std. Error		
1	(Constant)	56.069	16.828	3.332	.013
	脚の長さ	.914	.369	2.473	.043
	腕の長さ	.596	.411	1.451	.190

手順 2 　検定統計量 t_0 を計算しよう.

重回帰式のところで求めた

$$S_{x_2^2} = \boxed{} \qquad DET = \boxed{} \qquad b_1 = \boxed{}$$

と分散分析表のところで求めた

$$V_E = \boxed{}$$

を使うことにしよう. すると検定統計量は

$p = 2$

$$t_0 = \frac{\boxed{}}{\sqrt{\boxed{} \times \boxed{}}} = \boxed{}$$

$N = 10$

となる.

手順 3 　仮説 H_0 は棄却されるだろうか?

有意水準を $\alpha = 0.05$ とすると

$$t = \boxed{} \overset{\text{不等号}}{\boxed{}} t(\boxed{} - 1 ; 0.05) = \boxed{}$$

なので,

　仮説 H_0 は棄却 $\boxed{}$.

したがって,

脚の長さ x_1 は身長に影響を与えて $\boxed{}$ と

考えられる.

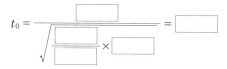

$$\frac{B}{\text{Std. Error}} = t$$

$$\frac{0.914}{0.369} = 2.473$$

第3章

すぐわかる主成分分析
都市の豊かさランキング?!

3.1 主成分分析でわかること

"主成分分析をすると，何がわかるのだろうか？"

これを知ることが，

"主成分分析を理解するための第1歩"

となります．

主成分分析をすると……

その1. いくつかの要因を新しい座標軸に総合化してくれます.

━━ 例えば, ━━

市内総生産，景況感指数といった要因をまとめて，

豊かさ という新しい座標軸を作ってくれる.

その2. 総合化された新しい座標軸で，データの順位づけをしてくれます.

━━ 例えば, ━━

豊かさ という新しい座標軸が

$$z = 0.805 \times 市内総生産 + 0.593 \times 景況感指数$$

で与えられるなら，この座標軸上の値の大小により，

最も豊かな都市　＞　2番目に豊かな都市　＞　…

のようにランキングをすることができる.

その3. いくつかの要因が2つの座標軸に総合化されたときは，
それぞれの座標軸について，データの特性をとらえることができる．

――― 例えば，

豊かさ， 安定度 という2つの座標軸に総合化されたとしよう．

すると， データAとデータDには 豊かさ がある

データBとデータCは 安定度 が高い

といった按配に，

データの特性をとらえ，データを分類することができる．

そこで，主成分分析の理論はさておき

"まずは，データを分析してみよう!!"

次のデータは，7つの都市における[市内総生産]と[景況感指数]について
調査した結果です．

表3.1.1　都市の豊かさをさぐる

No	都市	総生産	景況感
1	A	28	3.8
2	B	23	− 4.1
3	C	18	− 6.7
4	D	36	5.4
5	E	24	2.6
6	F	27	− 3.2
7	G	31	1.5
		↑	↑
		x_1	x_2

このデータを主成分分析用ソフトに入力すると，
次のような出力が，パソコンの画面に現れます．

このデータを使って
"総合的特性を抽出するという主成分分析"
をしてみよう！

3.2 コンピュータの出力を読む

【主成分分析の出力 —その1—】

Descriptive Statistics

	Mean	Std. Deviation	Analysis N
総生産	26.7143	5.82278	7
景況感	−.1000	4.55485	7

←①

Correlation Matrix

		総生産	景況感
Correlation	総生産	1.000	.799
	景況感	.799	1.000

←②

Covariance Matrix

		総生産	景況感
Covariance	総生産	33.905	21.183
	景況感	21.183	20.747

←③

Inverse of Covariance Matrix

	総生産	景況感
総生産	.081	−.083
景況感	−.083	.133

←④

逆行列
$$\begin{bmatrix} 33.905 & 21.183 \\ 21.183 & 20.747 \end{bmatrix}^{-1}$$

① 記述統計量

	平均値	標準偏差	分析されたデータ数
総生産	26.7143	5.82278	7
景況感	− 0.1000	4.55485	7

② 相関行列

		総生産	景況感
相関係数	総生産	1.000	0.799
	景況感	0.799	1.000

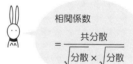

相関係数

$$= \frac{共分散}{\sqrt{分散} \times \sqrt{分散}}$$

③ 分散共分散行列

		総生産	景況感
共分散	総生産	33.905	21.183
	景況感	21.183	20.747

$$\begin{bmatrix} 分散 & 共分散 \\ 共分散 & 分散 \end{bmatrix}$$

分散は "長さ" の概念
共分散は "広がり" の概念

④ 分散共分散行列の逆行列

$$\begin{bmatrix} \dfrac{20.747}{33.905 \times 20.747 - 21.183^2} & \dfrac{-21.183}{33.905 \times 20.747 - 21.183^2} \\ \dfrac{-21.183}{33.905 \times 20.747 - 21.183^2} & \dfrac{33.905}{33.905 \times 20.747 - 21.183^2} \end{bmatrix}$$

【主成分分析の出力 ―その2―】

KMO and Bartlett's Test [a]

Kaiser-Meyer-Olkin Measure of Sampling Adequacy.		.500
Bartlett's Test of Sphericity	Approx. Chi-Square	4.572
	df	1
	Sig.	.033

←⑤

a. Based on correlations

Communalities

	Raw Extraction	Rescaled Extraction
総生産	33.905	1.000
景況感	20.747	1.000

←⑥

Extraction Method: Principal Component Analysis.

相関行列による
主成分分析をすると
共通性は，次のようになります

Communalities

	Extraction
総生産	1.000
景況感	1.000

Extraction Method: Principal
Component Analysis.

相関行列による主成分分析は
データの標準化による
主成分分析のことですね！

⑤ **Kaiser-Meyer-Olkin の妥当性と Bartlett の検定**

K-M-O の妥当性		0.5
Bartlett の球面性の検定	漸近カイ2乗検定統計量	4.572
	自由度	1
	有意確率	0.033

● K・M・O の妥当性が 0.5 未満のとき，
　因子分析をする妥当性がないと判定します．

● Bartlett の球面性の検定
　次の仮説の検定をしています．

　　　仮説 H_0：球面性を仮定する．
　　　有意確率 0.033　≦　有意水準 0.05 なので，
　　　仮説 H_0 は棄却される．

　球面性とは，"変数間に関連がない" ということなので，
　球面性が棄却されると，変数間に関連があるとなります．
　したがって，変数の総合化に意味があります．

⑥ **共通性**
● 分散＝共通性＋独自性
　　　33.905 ＝ 33.905 ＋ 0.000
　　　20.747 ＝ 20.747 ＋ 0.000

　主成分分析のモデルでは誤差項がないので，
　独自性＝ 0.000 となります．

データの標準化
→分散　＝1
共分散＝相関係数

【主成分分析の出力 —その３—①】

（分散共分散行列による主成分分析）

分散共分散行列
による…

Total Variance Explained

Component		Extraction Sums of Squared Loadings		
		Total	% of Variance	Cumulative %
Raw	1	49.507	90.587	90.587
	2	5.144	9.413	100.000
Rescaled	1	1.786	89.294	89.294
	2	.214	10.706	100.000

←⑦

Extraction Method: Principal Component Analysis.

Component Matrix

	Raw Component		Rescaled Component	
	1	2	1	2
総生産	5.665	−1.345	.973	−.231
景況感	4.173	1.826	.916	.401

←⑧

Extraction Method: Principal Component Analysis.

$$5.665 = \sqrt{49.507 \times 0.805} \qquad 0.973 = \frac{\sqrt{49.507 \times 0.805}}{\sqrt{33.905}}$$

$$4.173 = \sqrt{49.507 \times 0.593} \qquad 0.916 = \frac{\sqrt{49.507 \times 0.593}}{\sqrt{20.747}}$$

$\underset{\sqrt{\text{固有値}} \times \text{固有ベクトル}}{\uparrow} \qquad \dfrac{\sqrt{\text{固有値}} \times \text{固有ベクトル}}{\sqrt{\text{分散}}}$

⑦ **分散についての説明**（分散共分散行列による主成分分析）

主成分の分散
＝固有値

主成分	合計	パーセント	累積パーセント
第1主成分	49.507	90.587	90.587
第2主成分	5.144	9.413	100.000

● | 総生産の分散 | ＋ | 景況感の分散 | ＝ | 第1主成分の分散 | ＋ | 第2主成分の分散 |
|---|---|---|---|---|---|---|
| 33.905 | ＋ | 20.747 | ＝ | 49.507 | ＋ | 5.144 |
| | | | | ↑固有値 | | ↑固有値 |

⑧ **主成分の係数行列**（分散共分散行列による主成分分析）

	$\sqrt{固有値}×固有ベクトル$ による主成分の係数		$\dfrac{\sqrt{固有値}×固有ベクトル}{\sqrt{分散}}$ による主成分の係数	
	第1主成分	第2主成分	第1主成分	第2主成分
総生産	5.665	− 1.345	0.973	− 0.231
景況感	4.173	1.826	0.916	0.401
			↑因子負荷	↑因子負荷

● 第1主成分 ＝ 5.665×総生産 ＋ 4.173×景況感

● 第2主成分 ＝ − 1.345×総生産 ＋ 1.826×景況感

固有値 49.507

固有ベクトル $\begin{bmatrix} 0.805 \\ 0.593 \end{bmatrix}$

固有値 5.144

固有ベクトル $\begin{bmatrix} -0.593 \\ 0.805 \end{bmatrix}$

【主成分分析の出力 ―その3―②】

（相関行列による主成分分析）

相関行列
による…

Factor Analysis

Total Variance Explained

Component	Extraction Sums of Squared Loadings		
	Total	% of Variance	Cumulative %
1	1.799	89.936	89.936
2	.201	10.064	100.000

←⑨

Extraction Method: Principal Component Analysis.

Component Matrix

	Component	
	1	2
総生産	.948	−.317
景況感	.948	.317

←⑩

Extraction Method: Principal
Component Analysis.

データの標準化をすると…

分散＝1

$$相関係数 = \frac{共分散}{\sqrt{1} \times \sqrt{1}}$$

相関行列による主成分分析

全部の情報量＝1＋1＋…＋1
　　　　　　　　変数の個数

⑨ **分散についての説明**（相関行列による主成分分析）

主成分	合計	パーセント	累積パーセント
第1主成分	1.799	89.936	89.936
第2主成分	0.201	10.064	100.000

主成分の分散
＝固有値

総生産の分散	+	景況感の分散	=	第1主成分の分散	+	第2主成分の分散
1	+	1	=	1.799	+	0.201

固有値　　　　固有値

⑩ **主成分の係数行列**（相関行列による主成分分析）

	主成分	
	第1主成分	第2主成分
総生産	0.948	−0.317
景況感	0.948	0.317

● 因子負荷 $= \dfrac{\sqrt{固有値} \times 固有ベクトル}{\sqrt{分散}}$

$$0.948 = \frac{\sqrt{1.799} \times 0.707}{\sqrt{1}}$$

$$-0.317 = \frac{\sqrt{0.201} \times (-0.707)}{\sqrt{1}}$$

相関行列の　固有値　1.799　固有ベクトル $\begin{bmatrix} 0.707 \\ 0.707 \end{bmatrix}$

固有値　0.201　固有ベクトル $\begin{bmatrix} -0.707 \\ 0.707 \end{bmatrix}$

【主成分分析の出力 —その4—】

	都市	総生産	景況感	FAC1_1	FAC1_2	
1	A	28.00	3.80	.47584	1.04832	
2	B	23.00	−4.10	−.76218	−.44882	
3	C	18.00	−6.70	−1.55349	−.06445	
4	D	36.00	5.40	1.52617	−.47546	←⑪
5	E	24.00	2.60	−.08304	1.66821	
6	F	27.00	−3.20	−.22859	−1.17520	
7	G	31.00	1.50	.62529	−.55260	

第1主成分
得点

第2主成分
得点

Component Score Coefficient Matrix[a]

	Component	
	1	2
総生産	.666	−1.522
景況感	.384	1.617

←⑫

Extraction Method: Principal
Component Analysis.
Component Scores.
　　a. Coefficients are standardized.

⑪ **主成分得点（分散共分散行列による主成分分析）**

この主成分得点は，標準化したデータと成分得点係数行列をかけ算して求めています．

$$\begin{bmatrix} 0.22081 & 0.85623 \\ -0.63789 & -0.87818 \\ -1.49659 & -1.44900 \\ 1.59472 & 1.20750 \\ -0.46615 & 0.59277 \\ 0.04907 & -0.68059 \\ 0.73603 & 0.35127 \end{bmatrix} \cdot \begin{bmatrix} 0.666 \\ 0.384 \end{bmatrix} = \begin{bmatrix} 0.47584 \\ -0.76218 \\ -1.55349 \\ 1.52617 \\ -0.08304 \\ -0.22859 \\ 0.62529 \end{bmatrix}$$

標準化したデータ　　　成分得点係数行列　　　主成分得点

[ ]・[ ]は
行列のかけ算です

主成分得点の定義式は
いろいろあります

⑫ **成分得点係数行列**

この成分得点係数行列は，⑧の行列を使って，次のように計算します．

$$\begin{bmatrix} 0.973 & -0.231 \\ 0.916 & 0.401 \end{bmatrix} \xrightarrow{\text{転置行列}} \begin{bmatrix} 0.973 & 0.916 \\ -0.231 & 0.401 \end{bmatrix}$$

$$\begin{bmatrix} 0.973 & 0.916 \\ -0.231 & 0.401 \end{bmatrix} \cdot \begin{bmatrix} 0.973 & -0.231 \\ 0.916 & 0.401 \end{bmatrix} = \begin{bmatrix} 1.786 & 0.143 \\ 0.143 & 0.214 \end{bmatrix}$$

$$\begin{bmatrix} 1.786 & 0.143 \\ 0.143 & 0.214 \end{bmatrix} \xrightarrow{\text{逆行列}} \begin{bmatrix} 0.591 & -0.394 \\ -0.394 & 4.931 \end{bmatrix}$$

$$\begin{bmatrix} 0.973 & -0.231 \\ 0.916 & 0.401 \end{bmatrix} \cdot \begin{bmatrix} 0.591 & -0.394 \\ -0.394 & 4.931 \end{bmatrix} = \begin{bmatrix} 0.666 & -1.522 \\ 0.384 & 1.617 \end{bmatrix}$$

3.3　主成分の総合的特性…!?

主成分分析の目的は

"いくつかの要因を総合化すること"

です.

そして，この総合化されたものは ある特性 をもっているので，
それを

"総合的特性"

と呼んでいます.

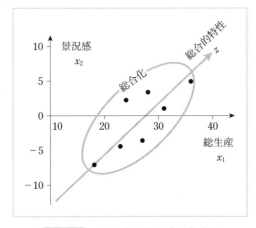

図 3.3.1　総生産と景況感の散布図

これが
総合的特性
です !

この散布図は 2 本の座標軸 x_1 と x_2 で表現されています.

よく見ると，データの点は右上がりの状態で散らばっていますね.

そこで，

　"右上がりの 1 本の軸 z だけで，データを表現できないだろうか？"

と考えてみよう!!　つまり，

　　"2 つの軸 x_1, x_2 を総合化して，新しい軸 z をみつける"

というわけです.

この新しい軸 z のことを**主成分**と呼びます.

$z = a_1 \times x_1 + a_2 \times x_2$

　もちろん，2本の座標軸をまとめて1本の座標軸にするので，元の情報は少し損われるかもしれません．

　しかし，次のように変数がたくさんあったとしたら…?!

x_1 = 人口1人当りのGDP	x_2 = 民間消費支出の対GDP比
x_3 = 総固定資本形成の対GDP比	x_4 = 農業部門のGDPに占めるシェア
x_5 = 鉱業部門のGPPに占めるシェア	x_6 = 製造業部門のGPPに占めるシェア
x_7 = 貯蓄の対GDP比	x_8 = 経常収支の対GDP比
x_9 = 貿易収支の対GDP比	x_{10} = 輸出の対GDP比
x_{11} = 輸入の対GDP比	x_{12} = 1次産品輸出比率
x_{13} = 卸売物価指数	x_{14} = 消費者物価指数
x_{15} = 農業土地生産性	x_{16} = 農業労働生産性
x_{17} = 国土面積に占める耕地面積	x_{18} = 農業依存人口1人当り耕地面積
x_{19} = 耕地面積当り施肥量	x_{20} = 耕地面積当りトラクター台数
x_{21} = 農業依存人口比率	x_{22} = 人口密度
x_{23} = 平均人口増加率	x_{24} = 平均寿命
x_{25} = 都市人口比率	x_{26} = 第1段階教育就学率

　こんなにたくさんの変数があればうんざりしてしまいます．
　だれだって，これらの変数をまとめたくなりますね．

　主成分分析のプロフェッショナルは，これらの変数を総合化して

　　　　●第1主成分……社会・文化水準

　　　　●第2主成分……資源・エネルギー

　　　　●第3主成分……貿易依存度

というふうに，
主成分に現れる総合的特性に適切な名称をつけます．

p.97の
表3.6.2に注目

名称のつけ方は
研究者の腕の
見せどころ！

3.4 主成分と固有ベクトルの密な関係

主成分分析とは

"新しい座標軸をみつけ,

ここが主成分

ここが総合的特性

その座標軸の特徴を読み取る"

ことから始まります.

　このとき, 新しい座標軸は

"分散共分散行列の固有ベクトル"

として求められます.

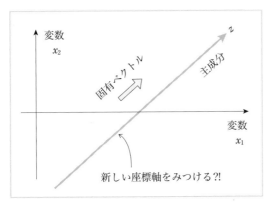

変数
x_2

固有ベクトル

主成分

z

変数
x_1

新しい座標軸をみつける?!

ワガハイハ
ジクデアル

図 3.4.1 主成分と固有ベクトルの関係

　固有ベクトルは数学の専門用語なのですが,
なぜ, 主成分分析で使われるようになったのか？
　その理由を知るためには, どうしても

"新しい座標軸 z の見つけ方"

を理解する必要があります.

主成分は
新しい座標軸
なので…

名前はまだない

　§3.3 でも述べたように，新しい座標軸 z とは

"2 つの変数 x_1, x_2 の総合化"

$$z = a_1 \times x_1 + a_2 \times x_2$$

によって得られます.

　しかし，もともと 2 本あった座標軸を 1 本の座標軸に総合化するので，どうしても，データの情報損失が起こってきます.

　したがって，……

"なるべく情報の損失を少なくする"

ように，2 つの変数 x_1, x_2 を総合化しなければなりません.

情報損失量を
最小に

この 2 つは
同じだよ

主成分の分散を
最大に

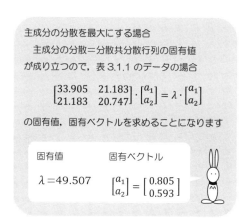

主成分の分散を最大にする場合

　主成分の分散＝分散共分散行列の固有値

が成り立つので，表 3.1.1 のデータの場合

$$\begin{bmatrix} 33.905 & 21.183 \\ 21.183 & 20.747 \end{bmatrix} \cdot \begin{bmatrix} a_1 \\ a_2 \end{bmatrix} = \lambda \cdot \begin{bmatrix} a_1 \\ a_2 \end{bmatrix}$$

の固有値，固有ベクトルを求めることになります

固有値	固有ベクトル
$\lambda = 49.507$	$\begin{bmatrix} a_1 \\ a_2 \end{bmatrix} = \begin{bmatrix} 0.805 \\ 0.593 \end{bmatrix}$

"情報の損失"を理解するには，やはりグラフ表現ですね*!!*

次の図のように，データの点から z 軸上に垂線をおろし

情報損失量 と **新しい情報量**

を定義します*!!*

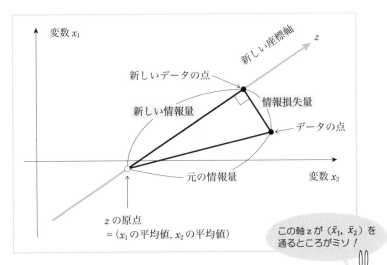

図3.4.2 情報損失量と新しい情報量

この軸 z が $(\bar{x}_1, \bar{x}_2)$ を通るところがミソ！

すると，新しい座標軸 z は

"各点の情報損失量を最小にする"

ように見つければよいことがわかります．

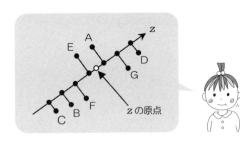

z 軸上では新しいデータの位置と元のデータの位置が同じように見えるね！

ところで，図3.4.2をながめていると，次の等号に気づきます．

$$(元の情報量)^2 = (新しい情報量)^2 + (情報損失量)^2$$

元の情報量は一定なので，

"情報損失量を小さくする"

ということは，

"新しい情報量を大きくする"

ということです．そこで，…新しい情報量の2乗和を変形してみると…

$$\sum_{i=1}^{7}(新しい情報量)^2 = \sum_{i=1}^{7}(新しいデータの点 - z\text{の原点})^2$$
$$= \sum_{i=1}^{N}(新しいデータ \quad - z\text{の平均値})^2$$

ここで，分散の定義式を思い出せば，

$$\frac{\sum_{i=1}^{7}(新しい情報量)^2}{7-1} = \frac{\sum_{i=1}^{7}(z\text{のデータ} - z\text{の平均値})^2}{7-1}$$
$$= z\text{の分散}$$

に気づきます．

したがって，新しい座標軸 z を見つけるということは，

"zの分散を最大にする"

と言い換えることができます．

ここまでくれば，あとは一息!!

新しい座標軸の**方向比を** $a_1 : a_2$ とすると,

新しい座標軸 z は

$$z = a_1 \times x_1 + a_2 \times x_2$$

で表されます.

このとき, z の分散 $Q(a_1, a_2)$ は

$$Q(a_1, a_2) = a_1{}^2 \times s_{11} + 2 \times a_1 \times a_2 \times s_{12} + a_2{}^2 \times s_{22}$$

$$\text{ただし,} \begin{bmatrix} s_{11} & s_{12} \\ s_{21} & s_{22} \end{bmatrix} \text{は} \quad \begin{array}{l} x_1 \text{ と } x_2 \text{ の} \\ \text{分散共分散行列} \end{array}$$

となります. ここで, さらに

$$a_1{}^2 + a_2{}^2 = 1$$

という条件を付けます.

というのも, $a_1 : a_2$ は方向比なので, 条件を付けないと

$$a_1 : a_2 \quad = \quad 2 \times a_1 : 2 \times a_2 \quad = \quad 3 \times a_1 : 3 \times a_2 \quad = \cdots$$

のように, いくらでも同じ方向比が存在してしまいます.

ここから, a_1, a_2 の求め方にはいります.

$$F(a_1, a_2) = Q(a_1, a_2) - \lambda \times (a_1{}^2 + a_2{}^2 - 1)$$
$$= a_1{}^2 \times s_{11} + 2 \times a_1 \times a_2 \times s_{12} + a_2{}^2 \times s_{22}$$
$$- \lambda \times (a_1{}^2 + a_2{}^2 - 1)$$

とおき,

この $F(a_1, a_2)$ を a_1, a_2 で偏微分して…

$$\begin{cases} \dfrac{\partial F}{\partial a_1}(a_1, a_2) = 2 \times (s_{11} \times a_1 + s_{12} \times a_2 - \lambda \times a_1) = 0 \\ \dfrac{\partial F}{\partial a_2}(a_1, a_2) = 2 \times (s_{12} \times a_1 + s_{22} \times a_2 - \lambda \times a_2) = 0 \end{cases}$$

この連立 1 次方程式の解が, 求める方向比 $a_1 : a_2$ です.

この連立 1 次方程式

$$\begin{cases} (s_{11} - \lambda) \times a_1 + & s_{12} \times a_2 = 0 \\ s_{12} \times a_1 + & (s_{22} - \lambda) \times a_2 = 0 \end{cases}$$

を行列の型で書き換えると……

$$\begin{bmatrix} s_{11} - \lambda & s_{12} \\ s_{12} & s_{22} - \lambda \end{bmatrix} \cdot \begin{bmatrix} a_1 \\ a_2 \end{bmatrix} = \begin{bmatrix} 0 \\ 0 \end{bmatrix}$$

[ ] ・ [ ] は
行列のかけ算です

$$\Downarrow$$

$$\begin{bmatrix} s_{11} & s_{12} \\ s_{12} & s_{22} \end{bmatrix} \cdot \begin{bmatrix} a_1 \\ a_2 \end{bmatrix} - \lambda \cdot \begin{bmatrix} a_1 \\ a_2 \end{bmatrix} = \begin{bmatrix} 0 \\ 0 \end{bmatrix}$$

$$\Downarrow$$

$$\begin{bmatrix} s_{11} & s_{12} \\ s_{12} & s_{22} \end{bmatrix} \cdot \begin{bmatrix} a_1 \\ a_2 \end{bmatrix} = \lambda \cdot \begin{bmatrix} a_1 \\ a_2 \end{bmatrix}$$

となります.

このとき

分散共分散行列

> λ を 行列 $\begin{bmatrix} s_{11} & s_{12} \\ s_{12} & s_{22} \end{bmatrix}$ の**固有値**
>
> $\begin{bmatrix} a_1 \\ a_2 \end{bmatrix}$ を 固有値 λ に属する**固有ベクトル**

といいます.

実は, 主成分と固有ベクトルの密な関係というよりも

"主成分は分散共分散行列の固有ベクトルそのもの"

ですね.

表 3.1.1 のデータの場合
次のようになります！

$$\begin{bmatrix} 33.905 & 21.183 \\ 21.183 & 20.747 \end{bmatrix} \cdot \begin{bmatrix} 0.805 \\ 0.593 \end{bmatrix} = 49.507 \cdot \begin{bmatrix} 0.805 \\ 0.593 \end{bmatrix}$$

3.5　しかし,固有値・固有ベクトルを理解する必要はありません

主成分分析では

EIGENVALUE,　EIGENVECTOR

という用語が登場します.

　見なれない単語なので

"主成分分析のために,理解しなくては…!!"

と思うかもしれないのですが,

その必要はまったくありません.

　数学の本を開けると,次のような定義がのっています.

> **定義**　A を数体 K 上の線型空間 V の線型変換とする.　$\alpha \in K$ に対し
> $$Ap = \alpha p \quad (p \neq 0)$$
> を満たす $p \in V$ が存在するとき,　α を線型変換 A の固有値といい,　p を固有値 α に属する固有ベクトルという.

線型変換は行列と同じ意味なので,……

> **定義**　A を数体 K 上の n 次正方行列とする.　$\alpha \in K$ に対し
> $$Ap = \alpha p \quad (p \neq 0)$$
> を満たす $p \in K^n$ が存在するとき,　α を行列 A の固有値といい,　p を固有値 α に属する国有ベクトルという.

　しかしながら,この定義の意味がわかるということと,

主成分分析がわかるということは,まったく別問題！

　でも,……

どうしても固有値・固有ベクトルを理解したい

という人のために…….

　固有ベクトルの図形的なイメージは,

　　　　"行列 A で変換しても,向きの変わらないベクトル"

のことなので,

　次の②,△6 が固有ベクトルになっています.

②…$\lambda=3$
△6…$\lambda=-1$

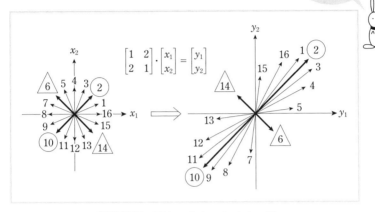

図 3.5.1　固有ベクトルのイメージ

$$\begin{bmatrix} 1 & 2 \\ 2 & 1 \end{bmatrix} \cdot \begin{bmatrix} 1 \\ 1 \end{bmatrix} = 3 \cdot \begin{bmatrix} 1 \\ 1 \end{bmatrix}$$

$$\begin{bmatrix} 1 & 2 \\ 2 & 1 \end{bmatrix} \cdot \begin{bmatrix} -1 \\ 1 \end{bmatrix} = (-1) \cdot \begin{bmatrix} -1 \\ 1 \end{bmatrix}$$

　この固有値・固有ベクトルは,経済や力学など,
いろいろな分野で顔を出します.

　ということは,固有値・固有ベクトルの概念が
いかに基本的であるかを示しています.
しかしながら,主成分分析では
固有値・固有ベクトルという言葉を使っているだけなので,
主成分分析のポイントは

　　　　"固有ベクトルの 数値をいかに読み取るか *!!*"

ということです.

3.6　固有ベクトルを読み取る

主成分分析のポイントは

"固有ベクトルをいかに読み取るか？"

という点にあります.

固有ベクトルは，計算手段として登場してくるだけなので，

"固有ベクトルとして得られた数値を読み取る"

ことができれば，それで十分です.

表 3.1.1 の固有値と固有ベクトルは，次のようになります.

EIGENVALUES AND EIGENVECTORS OF THE COVARIANCE MATRIX		
	PRIN 1	PRIN 2
X 1	0.805	−0.593
X 2	0.593	0.805
EIGENVALUE	49.507	5.144

この出力結果をみると，第 1 主成分の固有ベクトルは

$$\begin{bmatrix} 0.805 \\ 0.593 \end{bmatrix}$$

なので，第 1 主成分 z_1 は

$$z_1 = 0.805 \times x_1 + 0.593 \times x_2$$

であることがわかります.

次に，

$$z_1 = 0.805 \times 総生産 + 0.593 \times 景況感$$

の意味する総合的特性を読み取ることにしましょう.

そこで，係数 0.805，係数 0.593 に注目して…

> 変数の数だけ
> 主成分の数もあるよ！
>
> 第 2 主成分は
> $z_2 = -0.593 x_1 + 0.805 x_2$

> Step 1. x_1 の係数 0.805 はプラスなので,
>
> 総生産が多い都市ほど z_1 の値は大きくなる.

> Step 2. x_2 の係数 0.593 もプラスなので,
>
> 景況感が黒字の都市は z_1 の値が大きくなり,
>
> 景況感が赤字の都市は z_1 の値は小さくなる.

というふうに考えてゆけば,

z 軸の方向は

プラス×マイナス
→マイナス

> 『総生産が高く景況感が黒字
>
> ⇨ z_1 は大きく』
>
> 『総生産が低く景況感が赤字
>
> ⇨ z_1 は小さく』

をまとめて, 第 1 主成分 z_1 の総合的特性を

『都市の豊かさ』

と, 読み取ることはできないでしょうか!!

基本的には

"固有ベクトルの絶対値が大きい変数に注目"

します.

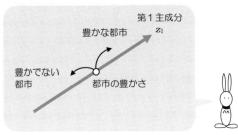

主成分の読み取り方の例 1.

表 3.6.1　慢性肝疾患についての第 1 主成分

変　　数	（正常域）	第 1 主成分
総ビリルビン	（0.8 以下）	− 0.2318
GOT	（6〜30）	0.2982
GPT	（8〜28）	0.3090
ZTT	（4〜12）	− 0.3378
TTT	（4 以下）	− 0.3587
アルブミン	（4.5 以上）	0.3723
ChE	（0.7 以上）	0.3736
総コレステロール	（100〜230）	0.3709
ICG	（10 以下）	− 0.3216

正常域が〇〇以下で
この値がマイナスに注目

正常域が△△以上で
この値がプラスに注目

　変数が専門用語なので，総合的特性を読み取れないように
思われるかもしれませんが，ヒントがあります．

　それは，各変数の正常域の範囲です．つまり，
肝臓が正常な場合と正常でない場合とで，
z_1 の値がどう変化するかをみます．

　第 1 主成分の固有ベクトル絶対値は，どれも 0.3 前後なので，
　　　　"肝臓病に関する全体的症状を表している"
と考えられます．さらに

　　　● ZTT, TTT…　　　　肝臓が正常でないほど
　　　　　　　　　　　　　z の値が小さくなる．

　　　●アルブミン，ChE…肝臓が正常なほど
　　　　　　　　　　　　　z の値が大きくなる．

から，第 1 主成分 z_1 は

　　　　　　　　　肝臓病の重症度

と読み取れます．

重症なほど
z の値が小さい

主成分の読み取り方の例 2.

表 3.6.2 発展途上国経済社会発展の主成分の一部分

変　数	第 1 主成分	第 2 主成分	第 3 主成分	第 4 主成分
貿易収支の対 GDP 比	− 0.11545	0.79536	0.28829	0.20174
輸出の対 GDP 比	− 0.00535	0.36882	0.68040	0.09288
輸入の対 GDP 比	0.05322	− 0.15165	0.83706	0.01939
一次産品輸出比率	− 0.26435	0.29740	− 0.18515	− 0.07738
エネルギー見掛輸入量の対エネルギー生産量比率	0.12281	− 0.87113	0.06062	− 0.18354
エネルギー見掛輸出量の対総輸出額比	0.01844	0.74298	0.01525	− 0.00146
人口 1,000 人当り電力消費量	0.32461	0.29070	0.22788	0.76495
平均寿命	0.86071	− 0.03494	0.18702	0.20735
都市人口比率	0.67180	0.17258	0.24935	0.25930
識字人口比	0.84540	− 0.05505	0.08213	0.01988
第 1 段階教育就学率	0.83430	0.02028	0.02273	− 0.02798
人口 1,000 人当り第 1 段階教育教師数	0.64317	0.23629	− 0.08106	0.11787
人口 1,000 人当りラジオ受信機使用台数	0.50504	0.07430	0.00632	0.08439

　アミカケの部分に注目すると

　　　　　第 1 主成分 = 社会・文化水準

　　　　　第 2 主成分 = 資源・エネルギー

　　　　　第 3 主成分 = 貿易依存度

と読み取れます.

この 2 つの例の主成分の係数は因子負荷です

$$因子負荷 = \sqrt{固有値 \times 固有ベクトル}$$

p.106 を見てね

主成分は互いに直交しています！

3.7 相関行列による主成分分析——データの標準化

ここで，もう一度，はじめのデータをふり返ってみよう!!

表 3.7.1 表 3.1.1 のデータ

総生産 x_1	景況感 x_2		分散共分散行列による 主成分分析	
28	3.8			PRIN 1
23	− 4.1	⇒	X 1	0.805
18	− 6.7		X 2	0.593
36	5.4			
24	2.6		固有ベクトル	
27	− 3.2			
31	1.5			

次に，総生産の単位を換えて，主成分分析をしてみると….

表 3.7.2 単位を変換されたデータ

総生産	景況感		分散共分散行列による 主成分分析	
2.8	3.8			PRIN 1
2.3	− 4.1	⇒	X 1	0.102
1.8	− 6.7		X 2	0.995
3.6	5.4			
2.4	2.6		固有ベクトル	
2.7	− 3.2			
3.1	1.5			

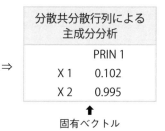

総生産を
0.1 倍にして
みました

この２通りのコンピュータの出力結果を見比べてみよう！

はじめのデータの第１主成分

$$z_1 = 0.805 \times x_1 + 0.593 \times x_2$$

に対し，

変換されたデータの第１主成分は

$$z_1 = 0.102 \times x_1 + 0.995 \times x_2$$

となり，

変数 x_1, x_2 の係数の大小が逆転しています.

これでは，第１主成分の読み取りがまるっきり異なってしまいます.

しかも，データは本質的に少しも異なっていません.

単位の影響を受けることなく，主成分分析をおこなうことは

できないのでしょうか？

単位の影響を取り除く統計処理として

"データの標準化"

という方法があります.

データの標準化

$$\text{データ} \longrightarrow \frac{\text{データ} - \text{平均値}}{\sqrt{\text{分散}}}$$

この方法により，どのようなデータでも

平均値を 0 に，分散を 1^2 に

変換することができます.

分散＝1^2なので　相関係数 $= \dfrac{\text{共分散}}{\sqrt{1^2} \times \sqrt{1^2}}$

そこで，データを標準化して

分散共分散行列による主成分分析をしてみると….

表 3.7.3　標準化されたデータ

総生産 $x_1{}^*$	景況感 $x_2{}^*$
0.221	0.856
− 0.638	− 0.878
− 1.497	− 1.449
1.595	1.208
− 0.466	0.593
0.049	− 0.681
0.736	0.351

⇒

分散共分散行列による 主成分分析	
	PRIN 1
X 1	0.707
X 2	0.707

↑
固有ベクトル

しかし，データを標準化してから

コンピュータに入力するのは，ちょっとめんどうですね.

ところで…，

データを標準化すると

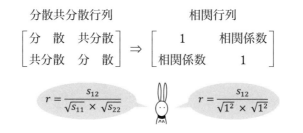

分散共分散行列
$$\begin{bmatrix} 分 & 散 & 共分散 \\ 共分散 & 分 & 散 \end{bmatrix}$$

⇒

相関行列
$$\begin{bmatrix} 1 & 相関係数 \\ 相関係数 & 1 \end{bmatrix}$$

$$r = \frac{s_{12}}{\sqrt{s_{11}} \times \sqrt{s_{22}}}$$

$$r = \frac{s_{12}}{\sqrt{1^2} \times \sqrt{1^2}}$$

に変換されるので，

"相関行列を使って主成分分析をする"

という考え方はどうでしょうか？

そこで，データを標準化しないで
相関行列による主成分分析をしてみると…

表 3.7.4 表 3.1.1 のデータ

総生産	景況感
28	3.8
23	− 4.1
18	− 6.7
36	5.4
24	2.6
27	− 3.2
31	1.5

⇒

相関行列による 主成分分析	
	PRIN 1
X 1	0.707
X 2	0.707

↑
固有ベクトル

標準化された
データと同じ
固有ベクトル
になっています！

このように，相関行列による主成分分析の結果は，
　　　　"データの標準化をした
　　　　　　分散共分散行列による主成分分析"
と一致することがわかります．
　したがって，単位の影響が気になるデータのときは
　　　　"相関行列による主成分分析"
を選択することにしましょう*!!*

データの標準化で
単位の影響を
取り除く

単位の影響が
気になるときは
相関行列だね！

3.8 これは便利な主成分得点──順位づけのために

第 1 主成分 z_1 は

$$z_1 = 0.805 \times x_1 + 0.593 \times x_2$$

となりました.

ところが, この主成分は方向比だけを考えているので, 平行な主成分の軸がいくらでも存在します.

そこで, 次のように x_1 と x_2 の平均値

$$(\bar{x}_1, \bar{x}_2) = (26.7, -0.1)$$

を原点とする軸を主成分の軸とします.

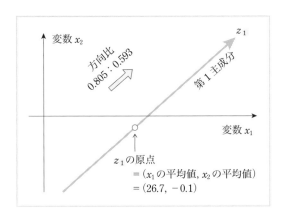

図 3.8.1 第 1 主成分の方向

したがって, 平均値を通る軸は

$$z_1 = 0.805 \times (x_1 - 26.7) + 0.593 \times (x_2 - (-0.1))$$

となるので,

$$z_1 = 0.805 \times x_1 + 0.593 \times x_2 - 21.450$$

が**主成分の式**となります.

原点＝平均値

そこで，この式にデータを代入した値を

"主成分得点"

といいます．

各都市の主成分得点を求めると

表 3.8.1　7つの都市の主成分得点

分散共分散による主成分分析

都市	主成分得点
A	3.348
B	− 5.363
C	− 10.931
D	10.738
E	− 0.584
F	− 1.608
G	4.400

となります．

この主成分得点をグラフで表現すると，次の図のようになります．

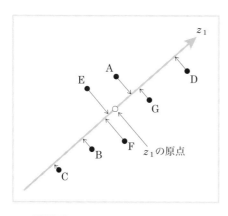

主成分得点
＝新しい情報量
z_1 軸の原点からの距離

図 3.8.2　主成分得点のイメージ

3.9 寄与率——第 m 主成分まで選択

主成分は1個とは限りません.

変数が p 個あれば,主成分も形式的に

第1主成分,第2主成分,…,第 p 主成分

と p 個存在します.

しかしながら,主成分分析の主眼は

"多くの変数を,少数の主成分で表現する"

ところにあるので,

"何番目の主成分まで取り上げるのか?"

が問題となります.

その決め手が,

"寄与率 と 累積寄与率"

です.

	PRIN 1	PRIN 2
EIGENVALUE	49.507	5.144
PROPORTION	0.906 ←第1主成分 の寄与率	0.094 ←第2主成分 の寄与率
CUM. PROP	0.906	1.0000
	↑ 累積寄与率	↑ 0.906＋0.094

寄与率の定義は,次のようになります.

$$第1主成分の寄与率 = \frac{第1主成分の固有値}{固有値の合計}$$

$$0.906 = \frac{49.507}{49.507 + 5.144}$$

つまり,第1主成分が
約90.6%の情報を
もっているということ

ところで，固有値の合計は変数の分散の合計と一致する…

$$49.507 + 5.144 = 33.905 + 20.747$$

ので，寄与率は

"主成分が元の情報をどの程度反映しているか"

を示す統計量と考えられます．

固有値
→分散
→情報量

累積寄与率は，次のコンピュータの出力を見れば，
すぐにナットク！

	PRIN 1	PRIN 2	PRIN 3	PRIN 4
X 1	−0.2318	0.6594	0.2029	−0.1527
X 2	0.2982	0.4900	−0.2712	−0.1197
⋮	⋮	⋮	⋮	⋮
X 9	−0.3216	0.3861	0.3425	0.5515
EIGENVALUE	7.1516	1.3714	0.4770	0.0000
PROPORTION	0.7946	0.1524	0.0530	0.0000
CUM. PROP	0.7946	0.9470	1.0000	1.0000

第2主成分までの累積寄与率
0.9470 = 0.7946 + 0.1524

したがって，何番目までの主成分を取り上げるかについては，

"累積寄与率が80％を越える"

ことが一つの目安となります．

相関行列による主成分分析の場合には，
各変数の分散が1に標準化されているので，

"固有値が1以上の主成分を選ぶ"

ことになります．

$$0.746 + 0.1524 + 0.053 + \cdots + 0.000 = \underbrace{1 + 1 + 1 + \cdots + 1}_{9}$$

3.10 因子負荷——主成分と固有値の関係

因子負荷は因子分析で使われている統計用語ですが，主成分分析でも用いられます．

factor loading

主成分分析の場合，

> 因子負荷 ＝ 第 m 主成分 z_m と変数 x_i との相関係数 $r(z_m, x_i)$

となります．

表3.1.1 のデータについて，因子負荷を計算してみよう *!!*

分散共分散行列と
相関行列とでは
因子負荷が異なります

分散共分散行列による主成分分析の場合

第1主成分 $z_1 = 0.805 \times x_1 + 0.593 \times x_2 - 21.450$ に，
各都市のデータを代入すると……

表 3.10.1

都市	第1主成分の主成分得点 z_1	総生産 x_1	景況感 x_2
A	3.348	28	3.8
B	− 5.363	23	− 4.1
C	− 10.931	18	− 6.7
D	10.738	36	5.4
E	− 0.584	24	2.6
F	− 1.608	27	− 3.2
G	4.400	31	1.5

よって，z_1 と x_1 の相関係数，z_1 と x_2 の相関係数を計算すれば

$$r(z_1, x_1) = 0.973$$

$$r(z_1, x_2) = 0.916$$

←⑧

となります．したがって，……

第 1 主成分と総生産 x_1 との因子負荷 $= 0.973$

第 1 主成分と景況感 x_2 との因子負荷 $= 0.916$

となります．

この因子負荷と固有ベクトルの間には，次のような関係があります．

因子負荷 $r(z_m, x_i) = \dfrac{\sqrt{z_m \text{の固有値}} \times x_i \text{の固有ベクトル}}{\sqrt{x_i \text{の分散}}}$

分散共分散行列の場合

確かめてみると…

z_1 の固有値 $= 49.507$，x_1 の固有ベクトル $= 0.805$，

x_1 の分散 $= 33.905$

$$\Longrightarrow \quad \frac{\sqrt{49.507} \times 0.805}{\sqrt{33.905}} = 0.973$$

となり，因子負荷と一致していることがわかります．

相関行列による主成分分析の因子負荷は

$$0.948 = \sqrt{1.799} \times 0.707$$

となっているので

因子負荷 $= \sqrt{\text{固有値}} \times \text{固有ベクトル}$

という等号が成り立っていることがわかります

$\sqrt{\text{分散}} = 1^2$ だからね！

第4章

主成分分析をしよう
主成分分析の計算手順

4.1 分散共分散行列を計算しよう——第1主成分は？

主成分分析は，2つの変数 x_1, x_2 を

$$z_1 = a_{11} \times x_1 + a_{12} \times x_2 \quad \cdots\cdots 第1主成分$$

$$z_2 = a_{21} \times x_1 + a_{22} \times x_2 \quad \cdots\cdots 第2主成分$$

のように，1次式の形にまとめることから始まります．

第1主成分を図で表現してみよう!!

第1主成分 z_1 の向きは，**方向比**

$$a_{11} : a_{12}$$

で与えられるので，
次の図のようになります．

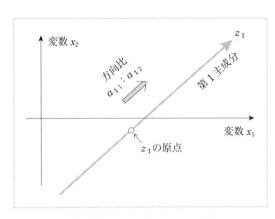

図 4.1.1 第1主成分の方向比

この方向比 $a_{11} : a_{12}$ は

● 分散共分散行列の固有ベクトル $\begin{bmatrix} a_{11} \\ a_{12} \end{bmatrix}$

または,

● 相関行列の固有ベクトル $\begin{bmatrix} a_{11} \\ a_{12} \end{bmatrix}$

として,求められます.

そこで,はじめに

● 分散共分散行列 $\begin{bmatrix} s_{11} & s_{12} \\ s_{12} & s_{22} \end{bmatrix}$ ← $\begin{bmatrix} 分散 & 共分散 \\ 共分散 & 分散 \end{bmatrix}$

や

● 相関行列 $\begin{bmatrix} 1 & r_{12} \\ r_{12} & 1 \end{bmatrix}$ ← $\begin{bmatrix} 1 & 相関係数 \\ 相関係数 & 1 \end{bmatrix}$

を計算しておきます.

分散共分散行列や相関行列は
対称行列なので
固有値は負の値になりません

条件
$a_{11}{}^2 + a_{12}{}^2 = 1$
が付くことに注意してね！

つまり
大きさ1の
ベクトルです

主成分分析のデータの型と統計量の公式

手順 1 データから，次の統計量を計算する．

No	データの型		データの2乗		データの積
	x_1	x_2	x_1^2	x_2^2	$x_1 \times x_2$
1	x_{11}	x_{21}	x_{11}^2	x_{21}^2	$x_{11} \times x_{21}$
2	x_{12}	x_{22}	x_{12}^2	x_{22}^2	$x_{12} \times x_{22}$
⋮	⋮	⋮	⋮	⋮	⋮
N	x_{1N}	x_{2N}	x_{1N}^2	x_{2N}^2	$x_{1N} \times x_{2N}$
合計	$\sum x_{1i}$	$\sum x_{2i}$	$\sum x_{1i}^2$	$\sum x_{2i}^2$	$\sum x_{1i} \times x_{2i}$

手順 2 平方和と積和を計算する．

$$S_{x_1^2} = \sum (x_{1i} - \bar{x}_1)^2$$

$$= \sum x_{1i}^2 - \frac{(\sum x_{1i})^2}{N}$$

$$S_{x_2^2} = \sum (x_{2i} - \bar{x}_2)^2$$

$$= \sum x_{2i}^2 - \frac{(\sum x_{2i})^2}{N}$$

$$S_{x_1 \times x_2} = \sum (x_{1i} - \bar{x}_1) \times (x_{2i} - \bar{x}_2)$$

$$= \sum x_{1i} \times x_{2i} - \frac{(\sum x_{1i}) \times (\sum x_{2i})}{N}$$

平方和…
（データ－平均値）²の合計

積和…
（データ－平均値）×（データ－平均値）
の合計

例題

主成分分析のデータの型と統計量——例題

手順 1 データから，統計量を計算すると…

No	総生産 x_1	景況感 x_2	データの2乗 x_1^2	データの2乗 x_2^2	データの積 $x_1 \times x_2$
1	28	3.8	784	14.44	106.4
2	23	− 4.1	529	16.81	− 94.3
3	18	− 6.7	324	44.89	− 120.6
4	36	5.4	1296	29.16	194.4
5	24	2.6	576	6.76	62.4
6	27	− 3.2	729	10.24	− 86.4
7	31	1.5	961	2.25	46.5
合計	187	− 0.7	5199	124.55	108.4

手順 2 平方和と積和を計算すると……

$$S_{x_1^2} = \boxed{5199} - \frac{\boxed{187}^2}{\boxed{7}} = \boxed{203.429}$$

$$S_{x_2^2} = \boxed{124.55} - \frac{\boxed{-0.7}^2}{\boxed{7}} = \boxed{124.48}$$

$$S_{x_1 \times x_2} = \boxed{108.4} - \frac{\boxed{187} \times \boxed{-0.7}}{\boxed{7}} = \boxed{127.1}$$

データ数
N＝7

手順 3 分散共分散行列を計算する.

$$\begin{bmatrix} s_{11} & s_{12} \\ s_{12} & s_{22} \end{bmatrix} = \begin{bmatrix} \dfrac{S_{x_1^2}}{N-1} & \dfrac{S_{x_1 \times x_2}}{N-1} \\[2ex] \dfrac{S_{x_1 \times x_2}}{N-1} & \dfrac{S_{x_2^2}}{N-1} \end{bmatrix}$$

分散共分散行列による
固有値・固有ベクトルを
求めるときは
ここを利用します

手順 4 相関行列を計算する.

$$\begin{bmatrix} 1 & r_{12} \\ r_{12} & 1 \end{bmatrix} = \begin{bmatrix} 1 & \dfrac{s_{12}}{\sqrt{s_{11}} \times \sqrt{s_{22}}} \\[2ex] \dfrac{s_{12}}{\sqrt{s_{11}} \times \sqrt{s_{22}}} & 1 \end{bmatrix}$$

相関行列による
固有値・固有ベクトルを
求めるときは
ここを利用します

手順 3 分散共分散行列を計算すると……

$$
\begin{bmatrix} s_{11} & s_{12} \\ s_{12} & s_{22} \end{bmatrix} = \begin{bmatrix} \dfrac{203.429}{7-1} & \dfrac{127.1}{7-1} \\[2ex] \dfrac{127.1}{7-1} & \dfrac{124.48}{7-1} \end{bmatrix}
$$

$$
= \begin{bmatrix} 33.905 & 21.183 \\ 21.183 & 20.747 \end{bmatrix}
$$

Excel 関数で計算しています

手順 4 相関行列を計算すると…

$$
\begin{bmatrix} 1 & r_{12} \\ r_{12} & 1 \end{bmatrix}
$$

$$
= \begin{bmatrix} 1 & \dfrac{21.183}{\sqrt{33.905}\times\sqrt{20.747}} \\[3ex] \dfrac{21.183}{\sqrt{33.905}\times\sqrt{20.747}} & 1 \end{bmatrix}
$$

$$
= \begin{bmatrix} 1 & 0.799 \\ 0.799 & 1 \end{bmatrix}
$$

$$
\text{x と y の相関係数} = \frac{x \text{と} y \text{の共分散}}{\sqrt{x\text{の分散}}\times\sqrt{y\text{の分散}}}
$$

演習　主成分分析—その1—

■分散共分散行列と相関行列を求めよう

「フロス警部のストレス」

デシトン市警のフロス警部は，今日も犯罪資料の整理に追われていた．

というのも，明日中に犯罪報告書をスコットランドヤードに
提出しなければならないのだ．

しかも，デシトン市警の成績向上のため，
昨年最悪だったデシトン市の治安が向上していることを
数値で示すように，マレト警察署長から厳しく命じられていた．

そこで，フロス警部はイシム博士の協力のもと，主成分分析を使って，
"治安の悪さ"ランキングを計算することにした．

次のデータは，デシトン市を中心とした，10か所の都市のデータである．

まずは，分散共分散行列を計算してみよう．

表4.1.1　デシトン市の犯罪件数と娯楽施設

No	都市	犯罪件数	娯楽施設
1	A	12	16
2	B	36	27
3	C	24	17
4	D	25	28
5	E	17	24
6	F	23	21
7	G	35	31
8	H	18	15
9	I	26	19
10	J	32	24

手順 1 データから，統計量を計算しよう．

No	x_1	x_2	$x_1{}^2$	$x_2{}^2$	$x_1 \times x_2$
1	12	16			
2	36	27			
3	24	17			
4	25	28			
5	17	24			
6	23	21			
7	35	31			
8	18	15			
9	26	19			
10	32	24			
合計					

↑犯罪件数　↑娯楽施設

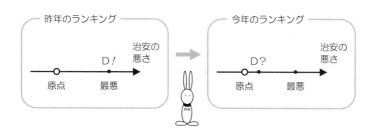

手順 2 平方和と積和を計算しよう.

$$S_{x_1{}^2} = \boxed{} - \frac{\boxed{}^2}{\boxed{}} = \boxed{}$$

$$S_{x_2{}^2} = \boxed{} - \frac{\boxed{}^2}{\boxed{}} = \boxed{}$$

$$S_{x_1 \times x_2} = \boxed{} - \frac{\boxed{} \times \boxed{}}{\boxed{}} = \boxed{}$$

手順 3 分散共分散行列を計算しよう.

$$\begin{bmatrix} s_{11} & s_{12} \\ s_{12} & s_{22} \end{bmatrix} = \begin{bmatrix} \dfrac{\boxed{}}{\boxed{}-1} & \dfrac{\boxed{}}{\boxed{}-1} \\[4mm] \dfrac{\boxed{}}{\boxed{}-1} & \dfrac{\boxed{}}{\boxed{}-1} \end{bmatrix}$$

$$= \begin{bmatrix} \boxed{} & \boxed{} \\ \boxed{} & \boxed{} \end{bmatrix}$$

分散共分散行列による
固有値・固有ベクトルを
求めるときは
ここを利用します

手順④ 相関行列を計算しよう.

$$\begin{bmatrix} 1 & r_{12} \\ r_{12} & 1 \end{bmatrix}$$

$$= \begin{bmatrix} 1 & \dfrac{\boxed{}}{\sqrt{\boxed{}} \times \sqrt{\boxed{}}} \\ \dfrac{\boxed{}}{\sqrt{\boxed{}} \times \sqrt{\boxed{}}} & 1 \end{bmatrix}$$

$$= \begin{bmatrix} 1 & \boxed{} \\ \boxed{} & 1 \end{bmatrix}$$

相関行列による
固有値・固有ベクトルを
求めるときは
ここを利用します

変数の単位の影響を
取り除きたいときは
相関行列による
主成分分析をしましょう！

4.2 分散共分散行列による固有値・固有ベクトルを求めよう

分散共分散行列が求まれば,
次に, 固有値・固有ベクトルを計算しよう!!

固有ベクトルの方向比

$$a_{11} : a_{12}$$

を図で表現すれば, 次のようになります.

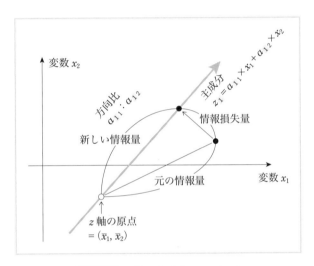

図 4.2.1 第 1 主成分でのデータ

このとき, データを主成分の軸の上に移動すると,
元の情報が損なわれるので,

"主成分を求めるときには, 情報損失量を最小にする"

ことが大切です.

このことは

"新しい情報量を最大にする方向比 $a_{11} : a_{12}$ を求める"

と言い換えることができます.

分散を
最大にする

したがって，p.90 でも示したように，条件

$$a_{11}{}^2 + a_{12}{}^2 = 1$$

のもとで，次の2次式

$$Q(a_{11}, a_{12}) = s_{11} \times a_{11}{}^2 + 2 \times s_{12} \times a_{11} \times a_{12} + s_{22} \times a_{12}{}^2$$

を最大にする a_{11}, a_{12} を求めることになります.

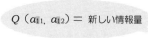

そこで，未知数 λ を1つ増し，次の連立1次方程式

$$\begin{cases} s_{11} \times a_{11} + s_{12} \times a_{12} - \lambda \times a_{11} = 0 \\ s_{12} \times a_{11} + s_{22} \times a_{12} - \lambda \times a_{12} = 0 \end{cases}$$

ラグランジュの
未定乗数 λ

を解きます.

はじめに，λ の2次方程式

$$\lambda^2 - (s_{11} + s_{22}) \times \lambda + s_{11} \times s_{22} - s_{12}{}^2 = 0$$

の解 λ_1, λ_2 を求めます.

このとき，$\lambda_1 \geqq \lambda_2$ ならば

$$\lambda_1 \cdots 第1固有値$$

$$\lambda_2 \cdots 第2固有値$$

となります.

次に，その第1固有値 λ_1 を用いて

$$\begin{cases} s_{11} \times a_{11} \qquad + s_{12} \times \sqrt{1 - a_{11}{}^2} - \lambda_1 \times a_{11} = 0 \\ (s_{11} - \lambda_1) \times a_{11} + s_{12} \times a_{12} \qquad\qquad = 0 \end{cases}$$

から a_{11}, a_{12} を計算すれば，

固有ベクトル
$\begin{bmatrix} a_{11} \\ a_{12} \end{bmatrix}$

$$第1主成分 z_1 = a_{11} \times x_1 + a_{12} \times x_2$$

を求めることができます.

第1主成分を求めるための公式——分散共分散行列による

手順 1 第1主成分の固有値 λ_1 を計算する.

$$\lambda_1 = \frac{(s_{11} + s_{22}) + \sqrt{(s_{11} - s_{22})^2 + 4 \times s_{12}^2}}{2}$$

$$\lambda_2 = \frac{(s_{11} + s_{22}) - \sqrt{(s_{11} - s_{22})^2 + 4 \times s_{12}^2}}{2}$$

手順 2 固有ベクトル a_{11}, a_{12} を計算する.

第1主成分

$$a_{11} = \frac{s_{12}}{\sqrt{(\lambda_1 - s_{11})^2 + s_{12}^2}}$$

$$a_{12} = \frac{(\lambda_1 - s_{11}) \times a_{11}}{s_{12}}$$

分散共分散行列
$$\begin{bmatrix} s_{11} & s_{12} \\ s_{12} & s_{22} \end{bmatrix}$$

第2主成分

$$a_{21} = \frac{s_{12}}{\sqrt{(\lambda_2 - s_{11})^2 + s_{12}^2}}$$

$$a_{22} = \frac{(\lambda_2 - s_{11}) \times a_{21}}{s_{12}}$$

手順 3 第1主成分 z_1 を求める.

$$z_1 = a_{11} \times x_1 + a_{12} \times x_2$$

第2主成分は
$$z_2 = a_{21} \times x_1 + a_{22} \times x_2$$

第1主成分を求める──例題──分散共分散行列による

手順 1 第1主成分の固有値 λ_1 を計算すると……

$$\lambda_1 = \frac{(\boxed{33.905} + \boxed{20.747}) + \sqrt{(\boxed{33.905} - \boxed{20.747})^2 + 4 \times \boxed{21.183}^2}}{2}$$

$$= \boxed{49.507}$$

$$\lambda_2 = \frac{(\boxed{33.905} + \boxed{20.747}) - \sqrt{(\boxed{33.905} - \boxed{20.747})^2 + 4 \times \boxed{21.183}^2}}{2}$$

$$= \boxed{5.144}$$

手順 2 固有ベクトル a_{11}, a_{12} を計算すると……

第1主成分の固有ベクトル

$$a_{11} = \frac{\boxed{21.183}}{\sqrt{(\boxed{49.507} - \boxed{33.905})^2 + \boxed{21.183}^2}} = \boxed{0.805}$$

$$a_{12} = \frac{(\boxed{49.507} - \boxed{33.905}) \times \boxed{0.805}}{\boxed{21.183}} = \boxed{0.593}$$

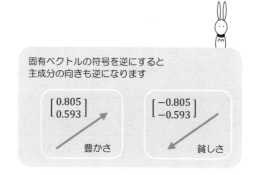

固有ベクトルの符号を逆にすると
主成分の向きも逆になります

$$\begin{bmatrix} 0.805 \\ 0.593 \end{bmatrix}$$ 豊かさ

$$\begin{bmatrix} -0.805 \\ -0.593 \end{bmatrix}$$ 貧しさ

手順 3 第1主成分 z_1 を求めると…….

$$z_1 = \boxed{0.805} \times x_1 + \boxed{0.593} \times x_2.$$

演習　主成分分析―その2―

■分散共分散行列の固有値・固有ベクトルを求めよう
「フロス警部のストレス」

フロス警部の疑問

　分散共分散行列は，次のようになった．
"治安の悪さ" という新しい座標軸を求めるには，
どのようにすればよいのだろうか？
　この分散共分散行列の

　　　　　固有値と固有ベクトル

を求めてみよう．

手順 **0**　分散共分散行列は，次のようになった！

$$\begin{bmatrix} s_{11} & s_{12} \\ s_{12} & s_{22} \end{bmatrix} = \begin{bmatrix} & \\ & \end{bmatrix}$$

Component Matrix [a]

	Raw Component		Rescaled Component	
	1	2	1	2
犯罪件数	7.673	−1.756	.975	−.223
娯楽施設	4.639	2.905	.848	.531

Extraction Method: Principal Component Analysis.
a. 2 components extracted.

SPSS の
出力です！

手順 1 第1主成分の固有値 λ_1 を求めよう.

$$\lambda_1 = \frac{(\boxed{} + \boxed{}) + \sqrt{(\boxed{} - \boxed{})^2 + 4 \times \boxed{}^2}}{2}$$

$$= \boxed{}$$

$$\lambda_2 = \frac{(\boxed{} + \boxed{}) - \sqrt{(\boxed{} - \boxed{})^2 + 4 \times \boxed{}^2}}{2}$$

$$= \boxed{}$$

手順 2 第1主成分の固有ベクトル a_{11}, a_{12} を求めよう.

$$a_{11} = \frac{|\boxed{}|}{\sqrt{(\boxed{} - \boxed{})^2 + \boxed{}^2}}$$

$$= \boxed{}$$

$$a_{12} = \frac{(\boxed{} - \boxed{}) \times \boxed{}}{\boxed{}}$$

$$= \boxed{}$$

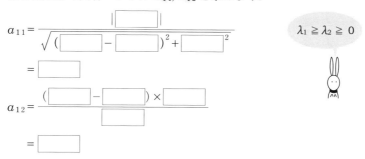

$\lambda_1 \geqq \lambda_2 \geqq 0$

手順 3 第1主成分 z_1 は

$$z_1 = \boxed{} \times x_1 + \boxed{} \times x_2$$

$a_{11}, \quad a_{12}$

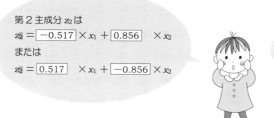

第2主成分 z_2 は
$$z_2 = \boxed{-0.517} \times x_1 + \boxed{0.856} \times x_2$$
または
$$z_2 = \boxed{0.517} \times x_1 + \boxed{-0.856} \times x_2$$

$a_{21}, \quad a_{22}$

4.3 　主成分得点を求めよう──第 1 主成分による順位づけ

たとえば，第 1 主成分

$$z_1 = 0.805 \times x_1 + 0.593 \times x_2$$

に，都市 D のデータ（36, 5.4）を代入した値

$$z_{14} = 0.805 \times 36 + 0.593 \times 5.4 = \boxed{32.189}$$

を，第 1 主成分における**都市 D の得点**と考えることができます．

すると，各都市の得点は，次のようになります．

表 4.3.1 　都市の得点と主成分得点

都市	都市の得点
A	24.798
B	16.087
C	10.520
D	32.189
E	20.866
F	19.842
G	25.850

都市	主成分得点
A	3.348
B	-5.363
C	-10.931
D	10.738
E	-0.584
F	-1.608
G	4.400

この都市の得点により，第 1 主成分における都市の順位は

表 4.3.2 　都市の順位

1 位	2 位	3 位	4 位	5 位	6 位	7 位
D	G	A	E	F	B	C

となります．

しかし，この得点に少し工夫を加えると，もっと順位が見やすくなります．

そこで,

"第1主成分の得点の平均値を 0"

に変換することにしましょう.

そのために, 2つの変数 x_1, x_2 の平均値

$$(\bar{x}_1, \bar{x}_2) = (26.7, -0.1)$$

を z_1 軸の原点にとります.

したがって, 第1主成分の式は

$$z_1 = 0.805 \times (x_1 - 26.7) + 0.593 \times (x_2 - (-0.1))$$
$$= 0.805 \times x_1 + 0.593 \times x_2 - 21.450$$

となるので,

この式にデータを代入した値を**主成分得点**といいます.

主成分の式

都市 D の場合, $(x_1, x_2) = (36, 5.4)$ なので

$$z_1 = 0.805 \times 36 + 0.593 \times 5.4 - 21.450$$
$$= 10.738$$

が, 都市 D の**主成分得点**となります.

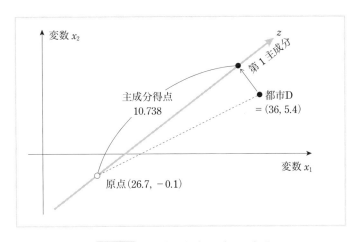

図 4.3.2　主成分得点のグラフ表現

主成分得点を求めるための公式—分散共分散行列の場合—

手順 1 定数項 a_0 を計算する.

すでに求めた統計量と固有ベクトルを使って,

$$a_0 = -\left(a_{11} \times \frac{\sum x_{1i}}{N} + a_{12} \times \frac{\sum x_{2i}}{N} \right)$$

手順 2 第1主成分の主成分得点を計算する

第1主成分の主成分得点の式は,

$$z_1 = a_{11} \times x_1 + a_{12} \times x_2 + a_0$$

となる.

この式にデータを代入し,

主成分得点を計算する.

$$z_{11} = a_{11} \times x_{11} + a_{12} \times x_{21} + a_0$$

$$z_{12} = a_{11} \times x_{12} + a_{12} \times x_{22} + a_0$$

$$\vdots \qquad\qquad \vdots$$

$$z_{1N} = a_{11} \times x_{1N} + a_{12} \times x_{2N} + a_0$$

主成分得点には
いろいろな定義式が
考案されています

あります〜

主成分得点を求める──例題─分散共分散行列の場合─

手順 1 定数項 a_0 を計算すると…

$$a_0 = -\left(\boxed{0.805} \times \frac{\boxed{187}}{\boxed{7}} + \boxed{0.593} \times \frac{\boxed{-0.7}}{\boxed{7}} \right) = \boxed{-21.450}$$

手順 2 第1主成分の主成分得点を求めると…

第1主成分の主成分得点の式は

$$z_1 = \boxed{0.805} \times \boxed{x_1} + \boxed{0.593} \times \boxed{x_2} + \boxed{-21.450}$$

となります.

この式にデータを代入して,

主成分得点を計算すると…

$$z_{11} = \boxed{0.805} \times \boxed{28} + \boxed{0.593} \times \boxed{3.8} + \boxed{-21.450} = \boxed{3.348}$$

$$z_{12} = \boxed{0.805} \times \boxed{23} + \boxed{0.593} \times \boxed{-4.1} + \boxed{-21.450} = \boxed{-5.363}$$

$$z_{13} = \boxed{0.805} \times \boxed{18} + \boxed{0.593} \times \boxed{-6.7} + \boxed{-21.450} = \boxed{-10.931}$$

$$z_{14} = \boxed{0.805} \times \boxed{36} + \boxed{0.593} \times \boxed{5.4} + \boxed{-21.450} = \boxed{10.738}$$

$$z_{15} = \boxed{0.805} \times \boxed{24} + \boxed{0.593} \times \boxed{2.6} + \boxed{-21.450} = \boxed{-0.584}$$

$$z_{16} = \boxed{0.805} \times \boxed{27} + \boxed{0.593} \times \boxed{-3.2} + \boxed{-21.450} = \boxed{-1.608}$$

$$z_{17} = \boxed{0.805} \times \boxed{31} + \boxed{0.593} \times \boxed{1.5} + \boxed{-21.450} = \boxed{4.400}$$

Excel 関数で
計算しています

演習　主成分分析—その3—

■主成分得点を計算しよう

─ フロス警部の疑問 ─

"治安の悪さ"ランキングは，どうすればいいのかなあ？

第1主成分の主成分得点を計算してみよう！

分散共分散行列の場合

手順 **1**　はじめに，定数項 a_0 を求めよう．

$$a_0 = -\left(\boxed{} \times \frac{\boxed{}}{\boxed{}} + \boxed{} \times \frac{\boxed{}}{\boxed{}} \right) = \boxed{}$$

都市	FAC1_1	FAC2_1
A	−1.579	.388
B	1.346	−.497
C	−.376	−1.189
D	.354	1.432
E	−.641	1.643
F	−.241	−.028
G	1.481	.664
H	−1.064	−.779
I	−.070	−.990
J	.791	−.644

これは SPSS による
主成分得点の出力だよ

主成分得点の
計算式は
いろいろあります

手順 2 次に，第1主成分の主成分得点を求めよう．

$z_{11} = \boxed{} \times \boxed{} + \boxed{} \times \boxed{} + \boxed{} = \boxed{}$

$z_{12} = \boxed{} \times \boxed{} + \boxed{} \times \boxed{} + \boxed{} = \boxed{}$

$z_{13} = \boxed{} \times \boxed{} + \boxed{} \times \boxed{} + \boxed{} = \boxed{}$

$z_{14} = \boxed{} \times \boxed{} + \boxed{} \times \boxed{} + \boxed{} = \boxed{}$

$z_{15} = \boxed{} \times \boxed{} + \boxed{} \times \boxed{} + \boxed{} = \boxed{}$

$z_{16} = \boxed{} \times \boxed{} + \boxed{} \times \boxed{} + \boxed{} = \boxed{}$

$z_{17} = \boxed{} \times \boxed{} + \boxed{} \times \boxed{} + \boxed{} = \boxed{}$

$z_{18} = \boxed{} \times \boxed{} + \boxed{} \times \boxed{} + \boxed{} = \boxed{}$

$z_{19} = \boxed{} \times \boxed{} + \boxed{} \times \boxed{} + \boxed{} = \boxed{}$

$z_{110} = \boxed{} \times \boxed{} + \boxed{} \times \boxed{} + \boxed{} = \boxed{}$

相関行列による
主成分分析をして
主成分得点を
計算してみてね

4.4 第1主成分の寄与率と因子負荷を求めよう

寄与率は…

"第1主成分 z_1 はデータの情報を

どの程度説明しているのだろうか？"

を数値で表したものです.

次の図を思い出そう.

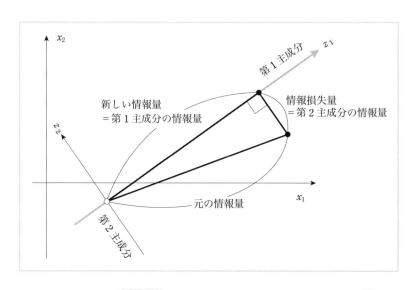

図 4.4.1 第1主成分と第2主成分

図 4.4.1 を見てもわかるように,

新しい情報量 = 第1主成分の情報量

情報損失量　 = 第2主成分の情報量

となっているので

元の情報量 ^{2} = 第1主成分の情報量 ^{2} + 第2主成分の情報量 ^{2}

が成り立っていることがわかります.

そこで，第1成分が説明している情報の割合を

$$\frac{\text{第 1 主成分の情報量}^2}{\text{第 1 主成分の情報量}^2 + \text{第 2 主成分の情報量}^2} = \frac{\lambda_2}{\lambda_1 + \lambda_2}$$

第 1 主成分の
寄与率

と表し，これを第1主成分の**寄与率**といいます．

第2主成分の寄与率は，次のようになります．

$$\text{第 2 主成分の寄与率} = \frac{\lambda_2}{\lambda_1 + \lambda_2}$$

因子負荷は，因子分析で使用されている統計用語ですが，主成分分析でも使われます．

因子負荷量
ともいいます

主成分分析では

因子負荷 ＝ 主成分と変数との相関係数

と定義しています．

この因子負荷と固有値・固有ベクトルの間には，次の関係式が成り立っています．

● 分散共分散行列による主成分分析の場合

$$\text{因子負荷} = \frac{\sqrt{\text{固有値} \times \text{固有ベクトル}}}{\sqrt{\text{変数の分散}}}$$

● 相関行列による主成分分析の場合

$$\text{因子負荷} = \sqrt{\text{固有値} \times \text{固有ベクトル}}$$

寄与率・因子負荷の公式—分散共分散行列の場合—

手順 **1** 寄与率を計算する.

第 1 主成分の固有値を λ_1 とする

第 2 主成分の固有値を λ_2 とする

このとき,

$$第 1 主成分の寄与率 = \frac{\lambda_1}{\lambda_1 + \lambda_2}$$

$$第 2 主成分の寄与率 = \frac{\lambda_2}{\lambda_1 + \lambda_2}$$

手順 **2** 因子負荷を計算する.

固有ベクトルを a_{11}, a_{12} とする.

第 1 主成分の因子負荷

$$x_1 \cdots \frac{a_{11} \times \sqrt{\lambda_1}}{\sqrt{s_{11}}}$$

$$x_2 \cdots \frac{a_{12} \times \sqrt{\lambda_1}}{\sqrt{s_{22}}}$$

分散共分散行列
$$\begin{bmatrix} s_{11} & s_{12} \\ s_{12} & s_{22} \end{bmatrix}$$

$$s_{11} = s_1{}^2$$
$$s_{22} = s_2{}^2$$

固有ベクトルを a_{21}, a_{22} とする
第 2 主成分の因子負荷

$$x_1 \cdots \frac{a_{21} \times \sqrt{\lambda_2}}{\sqrt{s_{11}}}$$

$$x_2 \cdots \frac{a_{22} \times \sqrt{\lambda_2}}{\sqrt{s_{22}}}$$

寄与率・因子負荷量——例題—分散共分散行列の場合—

手順 **1** 寄与率を計算すると…

固有値は $\lambda_1 = \boxed{49.507}$, $\lambda_2 = \boxed{5.144}$ なので,

第1主成分の寄与率

$$\frac{\boxed{49.507}}{\boxed{49.507} + \boxed{5.144}} = \boxed{0.906}$$

第2主成分の寄与率

$$\frac{\boxed{5.144}}{\boxed{49.507} + \boxed{5.144}} = \boxed{0.094}$$

手順 **2** 因子負荷を計算すると…

第1主成分の固有ベクトルは $a_{11} = \boxed{0.805}$, $a_{12} = \boxed{0.593}$ なので,

第1主成分の因子負荷

$$x_1 \cdots \frac{\boxed{0.805} \times \sqrt{\boxed{49.507}}}{\sqrt{\boxed{33.905}}} = \boxed{0.973}$$

$$x_2 \cdots \frac{\boxed{0.593} \times \sqrt{\boxed{49.507}}}{\sqrt{\boxed{20.747}}} = \boxed{0.916}$$

第2主成分の固有ベクトルを

$a_{21} = -0.593$, $a_{22} = 0.805$

とすると
第2主成分の因子負荷

$$x_1 \cdots \frac{-0.593 \times \sqrt{5.144}}{\sqrt{33.905}} = -0.231$$

$$x_2 \cdots \frac{0.805 \times \sqrt{5.144}}{\sqrt{20.747}} = 0.401$$

$$\begin{bmatrix} s_{11} & s_{12} \\ s_{12} & s_{22} \end{bmatrix} = \begin{bmatrix} 33.905 & 21.183 \\ 21.183 & 20.747 \end{bmatrix}$$

演習 主成分分析―その4―

■寄与率と因子負荷を計算しよう

「フロス警部のストレス」

フロス警部の疑問

第1主成分はデータの情報を
どの程度説明しているのかなあ?
第1主成分の寄与率と因子負荷を計算してみよう!

―分散共分散行列の場合―

手順 **1** 寄与率を求めよう.

固有値は $\lambda_1 = \boxed{}$, $\lambda_2 = \boxed{}$ なので,

第1主成分の寄与率

第2主成分の寄与率

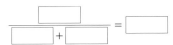

Total Variance Explained

| | Component | Initial Eigenvalues[a] | | |
		Total	% of Variance	Cumulative %
Raw	1	80.388	87.462	87.462
	2	11.523	12.538	100.000
Rescaled	1	80.388	87.462	87.462
	2	11.523	12.538	100.000

SPSS の
出力です!

手順 2　因子負荷を求めよう.

第1主成分の固有ベクトルは $a_{11}=$ ⬚ , $a_{12}=$ ⬚ なので,

第1主成分の因子負荷

$$x_1 \cdots \frac{\boxed{} \times \sqrt{\boxed{}}}{\sqrt{\boxed{}}} = \boxed{}$$

$$x_2 \cdots \frac{\boxed{} \times \sqrt{\boxed{}}}{\sqrt{\boxed{}}} = \boxed{}$$

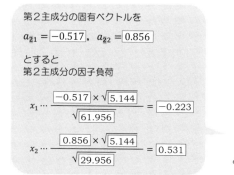

第2主成分の固有ベクトルを

$$a_{21}=\boxed{-0.517}, \quad a_{22}=\boxed{0.856}$$

とすると
第2主成分の因子負荷

$$x_1 \cdots \frac{\boxed{-0.517} \times \sqrt{\boxed{5.144}}}{\sqrt{\boxed{61.956}}} = \boxed{-0.223}$$

$$x_2 \cdots \frac{\boxed{0.856} \times \sqrt{\boxed{5.144}}}{\sqrt{\boxed{29.956}}} = \boxed{0.531}$$

第5章

すぐわかる判別分析

肥満かな？　と思ったら…！

5.1 **判別分析でわかること**

"判別分析をすると，何がわかるのだろうか？"

これを知ることが，

"判別分析を理解するための第1歩"

となります.

判別分析をすると…

その1. グループAとグループBの間に

"境界線を入れる"

ことができます.

┌─── 例えば，───────────────────────────┐
　境界線を使って，肥満のイヌと健康なイヌを判別できる.
└────────────────────────────────────┘

その2. 2つのグループに判別したとき，

"判別に影響を与えている独立変数は何か"

を調べることができます.

┌─── 例えば，───────────────────────────┐
　体重と体脂肪率の

　　　どちらの変数が肥満の判定に影響を与えているのか？

　がわかる.
└────────────────────────────────────┘

その3. 新しいデータが与えられたとき，

　　　　"そのデータがどちらのグループに属しているのか"

をおしえてくれます．

┌─ 例えば，──────────────────────────┐

新しく飼い始めた2匹目のイヌが肥満かどうか…

└─────────────────────────────────┘

そこで，判別分析の理論はさておき

　　　　"まずは，データを分析してみよう*!!*"

次のデータは，コーギー島に住んでいる肥満のイヌと
健康なイヌにおける［体重］と［体脂肪率］を調査した結果です．

表 5.1.1　　肥満を判別する

グループ A
肥満のイヌ

No	体重	体脂肪率
1	19	32
2	25	24
3	22	34
4	17	27
5	24	35
6	15	21

　　　　　↑　　　　　↑
　　　独立変数　　独立変数
　　　　x_1　　　　　x_2

グループ B
健康なイヌ

No	体重	体脂肪率
1	13	31
2	16	14
3	18	26
4	14	19
5	23	18
6	11	12
7	12	15

　　　　　↑　　　　　↑
　　　独立変数　　独立変数
　　　　x_1　　　　　x_2

　このデータを判別分析用ソフトに入力すると
次のような出力が，パソコンの画面に現れます．

このデータを使って
"2つのグループに境界線を入れるという判別分析"
をしてみよう！

5.2 コンピュータの出力を読む

【判別分析の出力 ―その1―】

Group Statistics

イヌ		Mean	Std. Deviation
1.00	体重	20.3333	3.98330
	体脂肪率	28.8333	5.70672
2.00	体重	15.2857	4.15188
	体脂肪率	19.2857	6.87300
Total	体重	17.6154	4.69997
	体脂肪率	23.6923	7.85689

←①

Tests of Equality of Group Means

	Wilks' Lambda	F	df1	df2	Sig.
体重	.689	4.954	1	11	.048
体脂肪率	.602	7.259	1	11	.021

←②

Wilks のラムダ = $\dfrac{\text{グループ内の平方和積和行列の行列式}}{\text{全グループの平方和積和行列の行列式}}$

$$\Lambda(x_1, x_2) = \frac{182.762 \times 446.262 \times 75.762^2}{265.077 \times 740.769 - 231.462^2} = 0.531$$

$$\Lambda(x_1) = \frac{182.762}{265.077} = 0.689$$

$$\Lambda(x_2) = \frac{446.262}{740.769} = 0.602$$

① グループの基礎統計量

		平均値	標準偏差
1	体重	20.3333	3.98330
	体脂肪率	28.8333	5.70672
2	体重	15.2857	4.15188
	体脂肪率	19.2857	6.87300
合計	体重	17.6154	4.69997
	体脂肪率	23.6923	7.85689

標準偏差　　　分散
$3.98330 = \sqrt{15.867}$

② グループの平均の相等性の検定

	Wilks のラムダ	F 値	自由度1	自由度2	有意確率
体重	0.689	4.954	1	11	0.048
体脂肪率	0.602	7.259	1	11	0.021

●次の仮説の検定をしています.

　　　仮説 H_0：2つのグループ A と B の平均体重は等しい

　　　有意確率 0.048 ≦ 有意水準 0.05 なので,

　　　仮説 H_0 は棄却される.

　　したがって，2つのグループの平均体重は異なる.

　　　仮説 H_0：2つのグループ A と B の平均体脂肪率は等しい

　　　有意確率 0.021 ≦ 有意水準 0.05 なので,

　　　仮説 H_0 は棄却される.

　　したがって，2つのグループの平均体脂肪率は異なる.

【判別分析の出力 ―その2―】

Pooled Within-Groups Matrices [a]

		体重	体脂肪率
Covariance	体重	16.615	6.887
	体脂肪率	6.887	40.569
Correlation	体重	1.000	.265
	体脂肪率	.265	1.000

←③

a. The covariance matrix has 11 degrees of freedom.

プールされた ⟷ グループAと グループBを いっしょに

自由度＝6＋7－2＝11

		体重	体脂肪率
Total	体重	22.090	19.288
	体脂肪率	19.288	61.731

←④

a. The total covariance matrix has 12 degrees of freedom.

自由度＝6＋7－1＝12

Covariance Matrices [a]

イヌ		体重	体脂肪率
1.00	体重	15.867	10.467
	体脂肪率	10.467	32.567
2.00	体重	17.238	3.905
	体脂肪率	3.905	47.238

←⑤

③ プールされたグループ内分散共分散行列と相関行列

		体重	体脂肪率
共分散	体重	16.615	6.887
	体脂肪率	6.887	40.569
相関係数	体重	1.000	0.265
	体脂肪率	0.265	1.000

$$\frac{グループ A の平方和 + グループ B の平方和}{6 + 7 - 2}$$

$$= \frac{79.333 + 103.429}{6 + 7 - 2} = 16.615$$

平方和と積和は
6.4 を見てね

④ 全グループの分散共分散行列

		体重	体脂肪率
全体	体重	22.090	19.288
	体脂肪率	19.288	61.731

$$\frac{全グループの平方和}{6 + 7 - 1}$$

$$= \frac{265.077}{6 + 7 - 1} = 22.090$$

分散は "長さ" の概念
共分散は "広がり" の概念

⑤ 各グループの分散共分散行列

イヌ		体重	体脂肪率
1.00	体重	15.867	10.467
	体脂肪率	10.467	32.567
2.00	体重	17.238	3.905
	体脂肪率	3.905	47.238

【判別分析の出力 ―その3―】

Box's Test of Equality of Covariance Matrices
Log Determinants

イヌ	Rank	Log Determinant
1.00	2	6.009
2.00	2	6.683
Pooled within-groups	2	6.440

The ranks and natural logarithms of determinants printed are those of the group covariance matrices.

Test Results

Box's M		.697
F	Approx.	.186
	df1	3
	df2	433459.459
	Sig.	.906

←⑥

Tests null hypothesis of equal population covariance matrices.

Summary of Canonical Discriminant Functions
Eigenvalues

Function	Eigenvalue	% of Variance	Cumulative %	Canonical Correlation
1	.883[a]	100.0	100.0	.685

←⑦

a. First 1 canonical discriminant functions were used in the analysis.

df … degree of freedom

Sig … significant

⑥　Box の分散共分散行列の相等性の検定

Box の M		0.697
F 値	漸近	0.186
	自由度 1	3
	自由度 2	433459.459
	有意確率	0.906

● Box の M の値

$$0.697 = (6+7-2) \times 6.440 - (6-1) \times 6.009 - (7-1) \times 6.683$$

● 次の仮説の検定をしています.

　　　仮説 H_0：分散共分散行列の相等性を仮定する

　　　有意確率 0.906 ＞有意水準 0.05 なので

　　　仮説 H_0 は棄却されない.

　したがって，グループ A の分散共分散行列と

　グループ B の分散共分散行列は同じと仮定する.

分散共分散行列の
相等性が仮定
できるときは…

線型判別関数
による
判別分析
ですね

⑦　正準判別関数の要約

表 5.2.1

関数	固有値	分散のパーセント	累積パーセント	正準相関係数
1	0.883	100.0	100.0	0.685

グループが m 個　→　線型判別関数は（m−1）個

グループが 2 個　→　線型判別関数は（2−1）個

【判別分析の出力 —その4—】

Wilks' Lambda

Test of Function(s)	Wilks' Lambda	Chi-square	df	Sig.	
1	.531	6.330	2	.042	←⑧

Standardized Canonical Discriminant Function Coefficients

	Function 1	
体重	.521	←⑨
体脂肪率	.726	

Structure Matrix

	Function 1	
体脂肪率	.864	←⑩
体重	.714	

Pooled within-groups correlations between discriminating variables and standardized canonical discriminant functions Variables ordered by absolute size of correlation within function.

⑧ Wilks のラムダ

関数の検定	Wilks のラムダ	カイ2乗	自由度	有意確率
1	0.531	6.330	2	0.042

●次の仮説の検定をしています.

仮説 H_0：2つのグループ A と B 間に差はない

有意確率 0.042 ≦ 有意水準 0.05 なので

仮説 H_0 は棄却される.

したがって，2つのグループ A と B 間に差がある.

⑨ 標準化された正準判別関数の係数

	関数 1
体重	0.521
体脂肪率	0.726

●独立変数の単位に影響されない線型判別関数の係数.

判別に影響があるのは，体重よりも体脂肪率であることがわかります.

⑩ 構造行列

標準化された線型判別関数との相関を調べています.

【判別分析の出力 ―その５―】

Canonical Discriminant Function Coefficients

	Function 1
体重	.128
体脂肪率	.114 ←⑪
（Constant）	−4.954

Unstandardized coefficients

Functions at Group Centroids

イヌ	Function 1
1.00	.934 ←⑫
2.00	−.800

Unstandardized canonical discriminant functions evaluated at group means

p.177 の線型判別関数は
　　線型判別関数＝0.222×体重＋0.198×体脂肪率−8.592
となっていますが，係数は定数倍のちがいです
　　　0.128 ÷ 　0.222 ＝ 0.577
　　　0.114 ÷ 　0.198 ＝ 0.577
　−4.954 ÷ −8.592 ＝ 0.577

⑪　正準判別関数の係数

	関数 1
体重	0.128
体脂肪率	0.114
定数項	−4.954

● 正準判別関数

正準判別関数 = 0.128 × 体重 + 0.114 × 体脂肪率 − 4.954

$$判別得点 = 0.128 \times \boxed{\begin{array}{c}体重の\\データ\end{array}} + 0.114 \times \boxed{\begin{array}{c}体脂肪率の\\データ\end{array}} - 4.954$$

⑫　グループの中心の正準判別関数の値

イヌ	関数 1
1.00	0.934
2.00	−0.800

1.00…グループ A
2.00…グループ B

● グループ A　　$0.934 = 0.128 \times x_1$ の平均値 $+ 0.114 \times x_2$ の平均値 $- 4.954$

　　　　　　　　　　 $= 0.128 \times 20.3333$ 　　$+ 0.114 \times 28.8333$ 　　$- 4.954$

● グループ B　$-0.800 = 0.128 \times x_1$ の平均値 $+ 0.114 \times x_2$ の平均値 $- 4.954$

　　　　　　　　　　 $= 0.128 \times 15.2857$ 　　$+ 0.114 \times 19.2857$ 　　$- 4.954$

【判別分析の出力 ―その6―】

Classification Function Coefficients

	イヌ	
	1.00	2.00
体重	1.000	.778
体脂肪率	.541	.343	←⑬
(Constant)	−18.655	−9.948

Fisher's linear discriminant functions

Classification Results [a,c]

			Predicted Group Membership		
		イヌ	1.00	2.00	Total
Original	Count	1.00	5	1	6	←⑭
		2.00	2	5	7
	%	1.00	83.3	16.7	100.0
		2.00	28.6	71.4	100.0
Cross-validated [b]	Count	1.00	5	1	6
		2.00	3	4	7
	%	1.00	83.3	16.7	100.0
		2.00	42.9	57.1	100.0

a. 76.9% of original grouped cases correctly classified.
b. Cross validation is done only for those cases in the analysis. In cross validation, each case is classified by the functions derived from all cases other than that case.
c. 69.2% of cross-validated grouped cases correctly classified.

⑬ Fisher の分類関数の係数

	イヌ	
	1.00	2.00
体重	1.000	.778
体脂肪率	.541	.343
(定数項)	−18.655	−9.948

●新しいデータが与えられたとき,

　フィッシャーの分類関数の得点を計算し,

　新しいデータがどちらのグループに属するかを判定します.

⑭ 分類のクロス集計表

		予測されるグループ		
	イヌ	1.00	2.00	全体
度数	1	5	1	6
	2	2	5	7

注
SPSS の判別予測は
ベイズのルールを利用しています

	イヌ	1	2	全体
交差検証	1	5	1	6
	2	3	4	7

【判別分析の出力 ―その7―】

	イヌ	体重	体脂肪率	Dis_1	Dis_1
1	1.00	19.00	32.00	1.00	1.12
2	1.00	25.00	24.00	1.00	.98
3	1.00	22.00	34.00	1.00	1.74
4	1.00	17.00	27.00	1.00	.30
5	1.00	24.00	35.00	1.00	2.11
6	1.00	15.00	21.00	2.00	− .64
7	2.00	13.00	31.00	1.00	.24
8	2.00	16.00	14.00	2.00	− 1.31
9	2.00	18.00	26.00	1.00	.31
10	2.00	14.00	19.00	2.00	− 1.00
11	2.00	23.00	18.00	2.00	.04
12	2.00	11.00	12.00	2.00	− 2.18
13	2.00	12.00	15.00	2.00	− 1.71

↑
⑮

No.1 の判別得点

0.12793732×19＋0.11399164×32−4.95439034
＝1.12415122

⑮ 予測されるグループと判別得点

	イヌ	体重	体脂肪率	予測されるグループ	判別得点
1	1	19	32	1.00	1.12
2	1	25	24	1.00	0.98
3	1	22	34	1.00	1.74

● No.1 の判別得点

$$1.12 = 0.128 \times \text{体重} + 0.114 \times \text{体脂肪率} - 4.954$$
$$= 0.128 \times 19 + 0.114 \times 32 - 4.954$$

● SPSS の判別予測は，ベイズのルールを利用しています．
No.11 のイヌは判別得点が 0.04 ですが，
グループ 2 に判別されています．

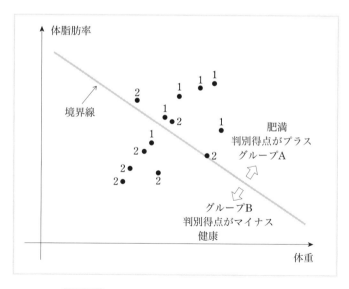

図 5.2.1　グループ A とグループ B の境界線

5.3 線型判別関数による判別分析とは

次の図は，体重と体脂肪率の散布図です．

線型とは
1次式のこと

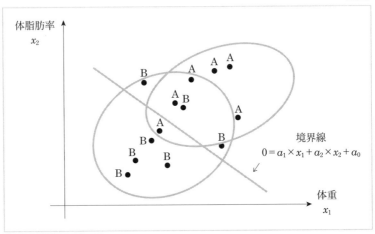

図 5.3.1 体重と体脂肪率の散布図

　知りたいことは，

　　　"肥満のイヌと健康なイヌを判別することができるだろうか？"

ということです．

　そこで，2つのグループを分けるために，上の図のように，

　　　"1本の直線で 境界線 を引く"

ことを考えます．この境界線

$$0 = a_1 \times x_1 + a_2 \times x_2 + a_0$$

を与える1次式

$$z = a_1 \times x_1 + a_2 \times x_2 + a_0$$

を**線型判別関数**といいます．

直線の式は…
$$x_2 = -\frac{a_1}{a_2} \times x_1 - \frac{a_0}{a_2}$$

次の図のように，線型判別関数 $z = 0$ となる境界線によって，平面は 2 つに分けられます．

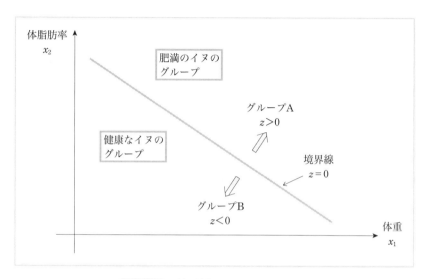

図 5.3.2　線型判別関数 z による判別

もちろん，平面をどのように切断してもよいわけではなく，肥満のイヌと健康なイヌを

　　　　　"最もうまく判別する境界線"

を見つけなくてはなりません．

この線型判別関数の係数 a_1, a_2 を求める手順は，

　手順 1　判別得点を a_1, a_2 で表す

　手順 2　判別得点の変動を調べる

　手順 3　判別得点のグループ間変動を
　　　　　最大にする a_1, a_2 を求める．

となります．

求める手順は
第 6 章です

まずは
判別得点の説明から…

5.4 判別得点の意味

線型判別関数にデータ (p, q) を代入した値

$$z = a_1 \times p + a_2 \times q + a_0$$

を，データ (p, q) の**判別得点**と定義します.

● 肥満のイヌのデータ $(19, 32)$ を代入すると…
$$z = a_1 \times \boxed{19} + a_2 \times \boxed{32} + a_0$$

● 健康なイヌのデータ $(13, 31)$ を代入すると…
$$z = a_1 \times \boxed{13} + a_2 \times \boxed{31} + a_0$$

判別得点の意味は，
次の図を見ればきちんと理解できます.

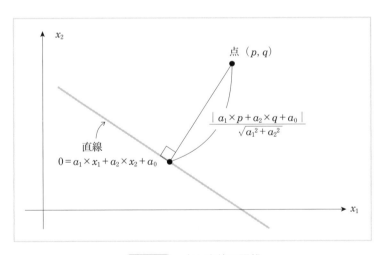

図 5.4.1　点と直線の距離

この図の，点と直線の距離は…

$$点（p, q）と直線 0 = a_1 \times x_1 + a_2 \times x_2 + a_0 との距離$$

$$= \frac{|a_1 \times p + a_2 \times q + a_0|}{\sqrt{a_1{}^2 + a_2{}^2}}$$

これが有名な
ヘッセの標準形

判別得点は，この分子に着目しています．

したがって，判別得点は

"データが境界線からどの程度離れているのか"

を意味しています．

線型判別関数

$$z = 0.222 \times x_1 + 0.198 \times x_2 - 8.592$$

の判別得点は，次のようになります．

表 5.4.1　判別得点表

肥満のイヌのグループ

No	判別得点	判定
1	1.949	正
2	1.699	正
3	3.010	正
4	0.517	正
5	3.652	正
6	− 1.112	負

健康なイヌのグループ

No	判別得点	判定
1	0.421	正
2	− 2.274	負
3	0.542	正
4	− 1.730	負
5	0.069	正
6	− 3.779	負
7	− 2.964	負

この表からわかるように

肥満のイヌ　⇔　判別得点がプラス

健康なイヌ　⇔　判別得点がマイナス

のように対応しています．

p.150

No.5 の健康なイヌの判定は
正になっていますが

SPSS による予測では
グループ2となっています

5.5　その独立変数は判別に役立っているか？

　肥満のイヌと健康なイヌを判別するとき，問題となるのは

　　　"2つの独立変数 x_1, x_2 は肥満の判別に役立っているのだろうか？"

　　　"どちらの独立変数が肥満の判別に，より有効なのだろうか？"

ということです.

p.177

　線型判別関数

$$z = 0.222 \times x_1 + 0.198 \times x_2 - 8.592$$

の係数を見ると，

　　　　"x_2 の係数は x_1 の係数より小さいので判別に役立たない"

ように思えるのだが….

　このようなときは，独立変数の寄与の検定をしてみよう*!!*

　この検定の仮説は，次のようになります.

　　　　　　仮説 H_0：独立変数 x_2 は判別に寄与しない

　この検定統計量は**ウィルクスの Λ（ラムダ）統計量**を利用します.

　ウィルクスの Λ 統計量は

　　　"2つのグループ A, B が判別されている程度を示す量"

と考えられています.　そこで，

　　　　●$\Lambda(x_1, x_2) = x_1, x_2$ によるウィルクスの Λ 統計量

　　　　●$\Lambda(x_1)\quad = x_1$ によるウィルクスの Λ 統計量

としたとき，$\Lambda(x_1, x_2)$ と $\Lambda(x_1)$ の比

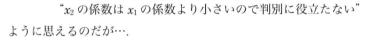

$$\Lambda(x_2 | (x_1, x_2)) = \frac{\Lambda(x_1, x_2)}{\Lambda(x_1)}$$

が 1 に近ければ，

x_1, x_2 による判別の程度と x_1 による判別の程度に

あまり差がないことになります.

したがって，この比の値を計算すれば，

"独立変数 x_2 が判別に役立っているかどうか"

がわかります．

検定の手順は

仮説 H_0：独立変数 x_2 は判別に寄与しない

に対し，検定統計量 F_0 が

$$F_0 = \frac{(N_A + N_B - 3) \times \{1 - \Lambda(x_2 \mid (x_1, x_2))\}}{\Lambda(x_2 \mid (x_1, x_2))} \geqq F(1, N_A + N_B - 3 ; \alpha)$$

ならば，有意水準 α で仮説を棄却します．

検定統計量を計算してみると

Excel 関数で
計算しています

$$\Lambda(x_2 \mid (x_1, x_2)) = \frac{0.531}{0.689} = 0.881$$

$$F_0 = \frac{(6 + 7 - 3) \times (1 - 0.881)}{0.881} = 1.345$$

$$F_0 = 1.345 \quad < \quad F(1, 6 + 7 - 3 ; 0.05) = 4.965$$

なので，仮説 H_0 は棄却されません．

したがって，x_2 は判別に寄与しているとはいえません．

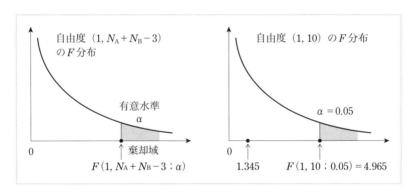

図 5.5.1　棄却域と検定統計量

$N_A + N_B - g - (p - 1)$
g … グループの個数
p … 独立変数の個数

$6 + 7 - 2 - (2 - 1)$
$= 3$

5.6 マハラノビスの距離による判別分析

マハラノビスの距離による判別分析とは，次の図のように

"2次曲線によって，2つのグループA, Bを判別する"

ことです．

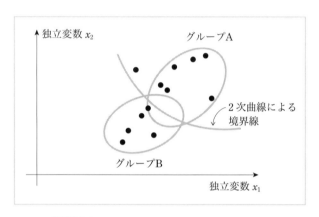

図 5.6.1 マハラノビスの距離による境界線

この2次曲線は，

"2つのグループA, Bから等距離にある点の集まり"

のことで，

グループAとグループBの 境界線

になっています．

表5.1.1 のデータの場合

境界線… $0 = D_A^2(x_1, x_2) - D_B^2(x_1, x_2)$

$$= \quad 0.021 \times x_1^2 + 0.017 \times x_2^2 - 0.042 \times x_1 \times x_2$$
$$- 0.151 \times x_1 \ - 0.519 \times x_2$$
$$+ 16.367$$

そこで，

●$D_A{}^2(x_1, x_2)$ = 点 (x_1, x_2) とグループ A との
マハラノビスの距離の 2 乗

●$D_B{}^2(x_1, x_2)$ = 点 (x_1, x_2) とグループ B との
マハラノビスの距離の 2 乗

とおくと，

1. $D_A{}^2(x_1, x_2) < D_B{}^2(x_1, x_2)$ ならば，
   　　　データ (x_1, x_2) は グループ A に属する
2. $D_A{}^2(x_1, x_2) > D_B{}^2(x_1, x_2)$ ならば，
   　　　データ (x_1, x_2) は グループ B に属する

と決めます．

したがって，図 5.6.1 の 2 次曲線は
　　　"$D_A{}^2(x_1, x_2) = D_B{}^2(x_1, x_2)$ となる点 (x_1, x_2) の集まり"
のことです．

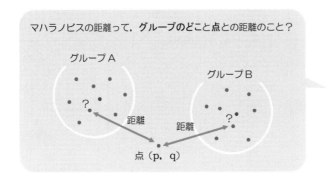

マハラノビスの距離って，グループのどこと点との距離のこと？

グループ A

グループ B

？

距離　距離

？

点 (p, q)

それでは，この マハラノビスの距離とは いったい何??

例えば，点 (x_1, x_2) とグループとの距離を

"点 (x_1, x_2) とグループの平均値 $(\bar{x}_1, \bar{x}_2)$ との距離"

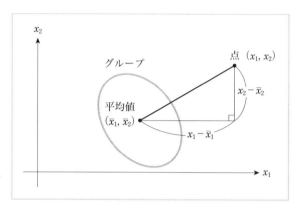

図 5.6.2 すぐ思いつくキョリ

と考えるなら，距離の 2 乗は

$$(x_1 - \bar{x}_1)^2 + (x_2 - \bar{x}_2)^2$$

で与えられます．

ところが，マハラノビスの距離は，グループの平均値だけでなく

$$\frac{(x_1 - \bar{x}_1)^2}{s_{11}} + \frac{(x_2 - \bar{x}_2)^2}{s_{22}}$$

のように，グループの分散 s_{11}, s_{22} も考慮に入れます．

さらに，2 変数 x_1, x_2 を取り扱っているので，

グループの共分散 s_{12}

も取り上げる必要があります．

$s_{11} = s_1{}^2$
$s_{22} = s_2{}^2$

データの標準化の 2 乗… $\left(\dfrac{x - \bar{x}}{s}\right)^2 = \dfrac{(x - \bar{x})^2}{s^2}$

$$= (x - \bar{x}) \times \frac{1}{s^2} \times (x - \bar{x})$$

$$= (x - \bar{x}) \times s^{2^{-1}} \times (x - \bar{x})$$

すると，どうしても，

"分散共分散行列"

が登場することになります．

そこで，グループの平均値と分散共分散行列を

$$(\overline{x}_1 \qquad \overline{x}_2) \qquad \begin{bmatrix} s_{11} & s_{12} \\ s_{12} & s_{22} \end{bmatrix}$$

$$\begin{bmatrix} s_1{}^2 & s_{12} \\ s_{12} & s_2{}^2 \end{bmatrix}$$

としたとき，

点 (x_1, x_2) とグループとの**マハラノビスの距離** $D(x_1, x_2)$ の 2 乗を

$$D^2(x_1, x_2) = (x_1 - \overline{x}_1 \quad x_2 - \overline{x}_2) \cdot \begin{bmatrix} s_{11} & s_{12} \\ s_{12} & s_{22} \end{bmatrix}^{-1} \cdot \begin{pmatrix} x_1 - \overline{x}_1 \\ x_2 - \overline{x}_2 \end{pmatrix}$$

と定義します．

この行列のかけ算をすると

$$D^2(x_1, x_2) = \frac{\{分\qquad 子\}}{s_{11} \times s_{22} - s_{12}{}^2}$$

ただし，{分子} は

$$\begin{cases} s_{22} \times x_1{}^2 + s_{11} \times x_2{}^2 - 2 \times s_{12} \times x_1 \times x_2 & \cdots \text{2次の項} \\ + 2 \times (s_{12} \times \overline{x}_2 - s_{22} \times \overline{x}_1) \times x_1 + 2 \times (s_{12} \times \overline{x}_1 - s_{11} \times \overline{x}_2) \times x_2 & \cdots \text{1次の項} \\ + s_{22} \times \overline{x}_1{}^2 + s_{11} \times \overline{x}_2{}^2 - 2 \times s_{12} \times \overline{x}_1 \times \overline{x}_2 & \cdots \quad \text{定数項} \end{cases}$$

のように長〜い式になります．

逆行列の計算式は…

$$\begin{bmatrix} s_{11} & s_{12} \\ s_{12} & s_{22} \end{bmatrix}^{-1} = \begin{bmatrix} \dfrac{s_{22}}{s_{11} \times s_{22} - s_{12}{}^2} & \dfrac{-s_{12}}{s_{11} \times s_{22} - s_{12}{}^2} \\ \dfrac{-s_{12}}{s_{11} \times s_{22} - s_{12}{}^2} & \dfrac{s_{11}}{s_{11} \times s_{22} - s_{12}{}^2} \end{bmatrix}$$

5.7 2つの分散共分散行列の相等性の検定

判別分析には

     1.　線型判別関数による判別

     2.　マハラノビスの距離による判別

← 1次式

← 2次式

の2通りの手法が考えられています.

では，どちらが，より良い手法なのだろうか？

それを知るためには，線型判別関数とマハラノビスの距離とのちがいを探さなければならない.

ヒントは，次の2つの行列

     グループ A の分散共分散行列

     グループ B の分散共分散行列

にあります.

次のデータは，

     2つのグループの分散共分散行列が互いに等しくなる

ように作成したものです.

表 5.7.1　人工的に作成したデータ

グループ A

No	x_1	x_2
1	5	6
2	6	4
3	7	6
4	8	8
5	9	6
平均値	$\bar{x}_1^{(A)} = 7$	$\bar{x}_2^{(A)} = 6$

グループ B

No	x_1	x_2
1	10	12
2	11	10
3	12	12
4	13	14
5	14	12
平均値	$\bar{x}_1^{(B)} = 12$	$\bar{x}_2^{(B)} = 12$

グループ A とグループ B の分散共分散行列は，次のようになります．

<table>
<tr><td align="center">グループ A の
分散共分散行列</td><td align="center">グループ B の
分散共分散行列</td></tr>
</table>

$$\begin{bmatrix} s_{11}^{(A)} & s_{12}^{(A)} \\ s_{12}^{(A)} & s_{22}^{(A)} \end{bmatrix} = \begin{bmatrix} 2.5 & 1.0 \\ 1.0 & 2.0 \end{bmatrix} \qquad \begin{bmatrix} s_{11}^{(B)} & s_{12}^{(B)} \\ s_{12}^{(B)} & s_{22}^{(B)} \end{bmatrix} = \begin{bmatrix} 2.5 & 1.0 \\ 1.0 & 2.0 \end{bmatrix}$$

表 5.7.1 の線型判別関数は

$$z_1 = \boxed{-x_1 - 2.5 \times x_2 + 32}$$

となります．

表 5.7.1 のマハラノビスの距離の 2 乗を計算してみると……．

$$D_A{}^2(x_1, x_2) = \frac{1}{4}(2 \times x_1{}^2 + 2.5 \times x_2{}^2 - 2 \times x_1 \times x_2 - 16 \times x_1 - 16 \times x_2 + 104)$$

$$D_B{}^2(x_1, x_2) = \frac{1}{4}(2 \times x_1{}^2 + 2.5 \times x_2{}^2 - 2 \times x_1 \times x_2 - 24 \times x_1 - 36 \times x_2 + 360)$$

となるので，引き算すると，

$$D_A{}^2(x_1, x_2) - D_B{}^2(x_1, x_2)$$

$$= \frac{1}{4}(8 \times x_1 + 20 \times x_2 - 256)$$

$$= -2 \times (\boxed{-x_1 - 2.5 \times x_2 + 32})$$

↑線型判別関数

となります．

ということは?!

この右辺は
線型判別関数
になっているよ！

したがって，

"2 つの分散共分散行列が等しいときは，
線型判別関数による判別をしよう"

ということがわかります．

分散共分散行列の
相等性といいます

ところで，2つのグループ A, B のデータが与えられたとき，

"2つの分散共分散行列が等しい"

とは，どのように考えたらよいのだろうか？

次の図のように考えることにしよう!!

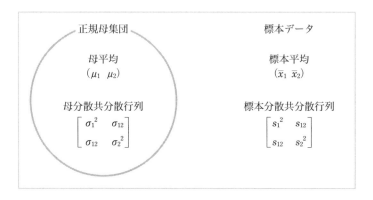

図 5.7.1 母集団と標本の分散共分散行列

このように，

母 分散共分散行列　と　標本 分散共分散行列

を区別します.

そこで，

$$\Sigma^{(A)} = グループ A の母分散共分散行列$$
$$\Sigma^{(B)} = グループ B の母分散共分散行列$$

としたとき

● $\Sigma^{(A)} = \Sigma^{(B)}$ ⇨ 線型判別関数による判別

● $\Sigma^{(A)} \neq \Sigma^{(B)}$ ⇨ マハラノビスの距離による判別

のように，選択することにします!!

そのためには，次の仮説の検定が必要になります．

$$仮説 \ H_0 : \Sigma^{(A)} = \Sigma^{(B)}$$

この検定を　**2つの分散共分散行列の相等性の検定**　といいます．

この仮説 H_0 に対し，検定統計量 $\chi_0{}^2$ が

$$\chi_0{}^2 \geqq \chi^2 \left(\frac{p \times (p+1)}{2} \ ; \ \alpha \right)$$

ならば，有意水準 α で仮説 H_0 を棄却します．

p は
独立変数の個数

χ^2 は
カイ二乗分布

この検定統計量の定義式は

$$\chi_0 = \left\{ 1 - \left(\frac{1}{N_A - 1} + \frac{1}{N_B - 1} - \frac{1}{N_A + N_B - 2} \right) \times \frac{2 \times p^2 + 3 \times p - 1}{6 \times (p+1)} \right\}$$
$$\times \{ (N_A + N_B - 2) \times log|S| - (N_A - 1) \times log|S_A| - (N_B - 1) \times log|S_B| \}$$

ただし，$|S|$ はプールされた 分散共分散行列の行列式

$|S_A|$ はグループ A の分散共分散行列の行列式

$|S_B|$ はグループ B の分散共分散行列の行列式

という長い式になります．

　表 5.1.1 のデータの場合，検定統計量 $\chi_0{}^2$ は

$$\chi_0{}^2 = 0.558 < \chi^2(3 \ ; \ 0.05) = 7.815$$

となるので，有意水準 5% で仮説 H_0 は棄却されません．

　したがって，

$$\Sigma^{(A)} = \Sigma^{(B)}$$

と仮定できるので，このデータの判別分析には

線型判別関数による判別

が適しているようです．

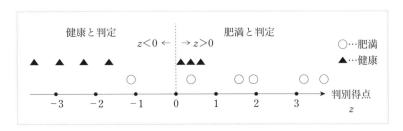

5.8 正答率または誤判別率

表5.1.1のデータを線型判別関数によって判別した結果を
グラフ上に表現してみよう!!

判別得点を z 軸上にとると…

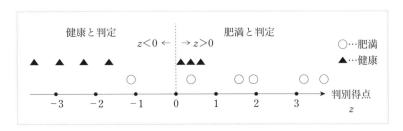

図5.8.1 判別得点のグラフ表現

となります.

健康なイヌは，7匹のうち4匹が正しく判別されています.

肥満のイヌは，6匹のうち1匹が誤って判別されています.

そこで，線型判別関数による**正答率**を

$$●肥満のイヌの正答率 = \frac{5}{6} \cdots 83.3\%$$

$$●健康なイヌの正答率 = \frac{4}{7} \cdots 57.1\%$$

と定義します!!

誤判別率はその逆で

$$●肥満のイヌの誤判別率 = \frac{1}{6} \cdots 16.7\%$$

$$●健康なイヌの誤判別率 = \frac{3}{7} \cdots 42.9\%$$

となります.

マハラノビスの距離による判別の場合も，同様に
正答率，誤判別率を定義することができます．

表5.8.1　マハラノビスの距離の2乗　$D_A{}^2(x_1, x_2), D_B{}^2(x_1, x_2)$

肥満のイヌ

No	$D_A{}^2$	$D_B{}^2$
1	0.750	3.841
2	3.812	5.611
3	0.820	6.370
4	0.705	1.328
5	1.395	8.478
6	2.518	0.073

健康なイヌ

No	$D_A{}^2$	$D_B{}^2$
1	5.301	3.531
2	6.771	0.670
3	0.408	1.230
4	3.774	0.096
5	6.627	3.651
6	9.932	1.926
7	7.085	0.897

マハラノビスの距離の場合

● $D_A{}^2 < D_B{}^2 \Rightarrow$ 肥満のイヌのグループAに属する

● $D_A{}^2 > D_B{}^2 \Rightarrow$ 健康なイヌのグループBに属する

と判別されるので，

● 肥満のイヌの正答率は $\frac{5}{6} \cdots 83.3\%$

● 健康なイヌの正答率は $\frac{6}{7} \cdots 85.7\%$

となっています．

グループの分類の方法は，このほかにもいくつかあります．
SPSSのようにベイズのルールを使って，

"事後確率の高いグループに属する"

という方法もあります．

線型判別より
マハラノビスの方が
正答率が高いよ！

5.9 2つのグループに差はあるのだろうか？

判別分析は,

"2つのグループの間に1本の境界線を入れる"

ことから始まりますが….

もともと, 2つのグループ A と B に "差" はあったのだろうか？

「差の検定」 というと, すぐ連想するのは

❶ 2つの母平均の差の検定

❷ 1元配置の分散分析

ですね！

これは
1変数データ
です

❶ 2つの母平均の差の検定

> 2つの正規母集団 $N(\mu_A, \sigma_A{}^2)$, $N(\mu_B, \sigma_B{}^2)$ に対し,
> 　　仮説 $\mathrm{H}_0 : \mu_A = \mu_B$
> をたて, 検定統計量 F_0 が,
> $$F_0 \geq F(1, N_A + N_B - 2 ; \alpha)$$
> ならば, 有意水準 α で, 仮説 H_0 を棄却する.

仮説 H_0 が棄却されると,
2つのグループに差があります.

自由度 $N_A + N_B - 2$ の
t 分布の2乗です
$F_0 = (t_0)^2$

検定統計量の分布は
自由度 $(1, N_A + N_B - 2)$ の
F分布になります

❷ 1元配置の分散分析

次のようにデータが与えられているとき,

表5.9.1　1元配置のデータの型

因子	データ				データ数
水準 A_1	x_{11}	x_{12}	……	x_{1N_1}	N_1 個
水準 A_2	x_{21}	x_{22}	…	x_{2N_2}	N_2 個
⋮		⋮			⋮
水準 A_a	x_{a1}	x_{a2}	………	x_{aN_a}	N_a 個
					N 個

水準 $A_1, A_2, \cdots, A_a$ 間の差の検定が1元配置の分散分析です.

---

a 個の正規母集団に対し,

仮説 H_0：水準 $A_1, A_2, \cdots, A_a$ 間に差はない

をたて,次の分散分析表を作成する.

表5.9.2　1元配置の分散分析表

変動	平方和	自由度	平均平方	F 値
水準間の変動	S_A	$a-1$	$V_A = \dfrac{S_A}{a-1}$	$F_0 = \dfrac{V_A}{V_E}$
水準内の変動	S_E	$N-a$	$V_E = \dfrac{S_E}{N-a}$	

このとき,検定統計量 F_0 が

$$F_0 \geqq F(a-1, N-a ; \alpha)$$

ならば,有意水準 α で,仮説 H_0 を棄却する.

仮説 H_0 が棄却されると,

a 個のグループ間に差があります.

しかし，以上の差の検定はいずれも“1変数”の場合です．

判別分析は“多変数データ”を取りあつかうので，

　“検定統計量を多変数へと，一般化しておく”

必要があります．そこで，

$$ウィルクスの\Lambda統計量 \cdots \overset{\text{ラムダ}}{\Lambda}$$

を導入します．

この統計量は

“グループ間の変動を表現する量”

$0 \leqq \Lambda \leqq 1$

として知られており，

“Λが0に近いほどグループ間に差がある”

ことを示しています．

したがって，このΛを利用すれば，グループ間の差を検定することが
できます．

❸ 多変数の差の検定

2つのグループ間に差はないという仮説に対し，
ウィルクスのΛを使った検定統計量F_0が

$$F_0 = \frac{N_A + N_B - 3}{2} \times \frac{1 - \Lambda}{\Lambda} \geq F(2, N_A + N_B - 3 ; \alpha)$$

ならば，有意水準αで，仮説を棄却する．

グループ A	グループ A
母平均	母平均
$\left(\mu_1^{(A)} \quad \mu_2^{(A)} \right)$	$\left(\mu_1^{(B)} \quad \mu_2^{(B)} \right)$
母分散共分散行列	母分散共分散行列
$\Sigma^{(A)}$	$\Sigma^{(B)}$

このとき，仮説は

$$\text{仮説 } H_0 : \begin{pmatrix} \mu_1^{(A)} & \mu_2^{(A)} \end{pmatrix} = \begin{pmatrix} \mu_1^{(B)} & \mu_2^{(B)} \end{pmatrix}$$

となります．

2 変数の差だよ～

$\Sigma^{(A)} = \Sigma^{(B)}$
という前提が
おかれていることにも
注意してね

表 5.1.1 のデータの場合，ウィルクスの Λ 統計量は

$$\Lambda = 0.531$$

となるので，

検定統計量 F_0 を計算すると，

$$F_0 = \frac{6 + 7 - 3}{2} \times \frac{1 - 0.531}{0.531} = 4.416$$

となります．

したがって，

$$F_0 = 4.416 \quad \geqq \quad F(2, 10 ; 0.05) = 4.103$$

なので，有意水準 5% で，仮説 H_0 は棄却されます．

つまり，

"肥満のイヌのグループと健康なイヌのグループに
差がある"

ことがわかります．

ウィルクスの Λ 統計量は

$$\Lambda = \frac{\text{グループ内の平方和積和行列の行列式}}{\text{全グループの平方和積和行列の行列式}}$$

と定義します

第6章

判別分析をしよう
判別分析の計算手順

6.1 線型判別関数を求めよう

判別分析とは，2つのグループ A, B に対し，

"新しく与えられたデータ が

グループ A に属するのか？　グループ B に属するのか？"

を判別してくれる手法です．

したがって，新しいデータを判別をするためには，次の図のように

"1本の直線でグループ A, B を2つに分離しておく"

必要があります．

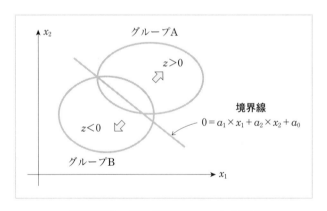

図 6.1.1　線型判別関数 z による判別

この直線を与える式

$$z = a_1 \times x_1 + a_2 \times x_2 + a_0$$

を**線型判別関数**といいます．

直線は…

$$x_2 = -\frac{a_1}{a_2} \times x_1 - \frac{a_0}{a_2}$$

　この線型判別関数の a_1, a_2, a_0 を求める手順は,
次の手順$\boxed{1}$,　手順$\boxed{2}$,　手順$\boxed{3}$. です.

手順$\boxed{1}$　判別得点を a_1, a_2 で表す.
　　　　　線型判別関数にデータを代入する.

グループ A の判別得点	グループ B の判別得点
$z_1^{(A)} = 19 \times a_1 + 32 \times a_2 + a_0$	$z_1^{(B)} = 13 \times a_1 + 31 \times a_2 + a_0$
$z_2^{(A)} = 25 \times a_1 + 24 \times a_2 + a_0$	$z_2^{(B)} = 16 \times a_1 + 14 \times a_2 + a_0$
$z_3^{(A)} = 22 \times a_1 + 34 \times a_2 + a_0$	$z_3^{(B)} = 18 \times a_1 + 26 \times a_2 + a_0$
$z_4^{(A)} = 17 \times a_1 + 27 \times a_2 + a_0$	$z_4^{(B)} = 14 \times a_1 + 19 \times a_2 + a_0$
$z_5^{(A)} = 24 \times a_1 + 35 \times a_2 + a_0$	$z_5^{(B)} = 23 \times a_1 + 18 \times a_2 + a_0$
$z_6^{(A)} = 15 \times a_1 + 21 \times a_2 + a_0$	$z_6^{(B)} = 11 \times a_1 + 12 \times a_2 + a_0$
	$z_7^{(B)} = 12 \times a_1 + 15 \times a_2 + a_0$
平均 $\bar{z}^{(A)} = 20.3 \times a_1 + 28.8 \times a_2 + a_0$	平均 $\bar{z}^{(B)} = 15.3 \times a_1 + 19.3 \times a_2 + a_0$
全平均 $\bar{z} = 17.6 \times a_1 + 23.7 \times a_2 + a_0$	

データは p.137 の表 5.1.1

No	グループ A 肥満のイヌ	
	体重 x_1	体脂肪率 x_2
1	19	1
2	25	2
3	22	3
4	17	4
5	24	5
6	15	6

No	グループ B 健康なイヌ	
	体重 x_1	体脂肪率 x_2
1	13	31
2	16	14
3	18	26
4	14	19
5	23	18
6	11	12
7	12	15

手順 **2**　判別得点の変動を調べる.

全変動

$$S_T = (z_1^{(A)} - \bar{z})^2 + \cdots + (z_6^{(A)} - \bar{z})^2$$
$$+ (z_1^{(B)} - \bar{z})^2 + \cdots + (z_7^{(B)} - \bar{z})^2$$
$$= 265.077 \times a_1^2 + 462.923 \times a_1 a_2 + 740.769 \times a_2^2$$

平均値との差の
2乗和を　　　　　　　　　　変動といいます

グループ内変動　$S_W = (z_1^{(A)} - \bar{z}^{(A)})^2 + \cdots + (z_6^{(A)} - \bar{z}^{(A)})^2$
$$+ (z_1^{(B)} - \bar{z}^{(B)})^2 + \cdots + (z_7^{(B)} - \bar{z}^{(B)})^2$$
$$= 182.762 \times a_1^2 + 151.524 \times a_1 a_2 + 446.262 \times a_2^2$$

グループ間変動　$S_B = 6 \times (\bar{z}^{(A)} - \bar{z})^2 + 7 \times (\bar{z}^{(B)} - \bar{z})^2$
$$= 82.315 \times a_1^2 + 311.399 \times a_1 a_2 + 294.507 \times a_2^2$$

この S_T, S_W, S_B の間には,

$$S_T \quad = \quad S_W \quad + \quad S_B$$

という等号が成立します.

これが有名な
平方和の分解

S_Wは, グループの値と
その平均値との差の2乗和なので
グループ内の判別得点の変動
を意味しています

S_Bは, グループの平均値と
全平均との差の2乗和だから
グループ間の判別得点の変動
を意味しています

w … within

B … between

手順 **3**　グループ間変動を最大にする a_1, a_2 を求める

そこで,

"2 つのグループが最も良く分けられている"

ということは

"全変動 S_T の中でグループ間変動 S_B が最大になる"

と考えることができるので,

> 変動比
>
> $$\frac{S_B}{S_T} = \frac{\text{グループ間変動}}{\text{全変動}}$$
>
> $$= \frac{82.315 \times a_1{}^2 + 311.399 \times a_1 a_2 + 294.507 \times a_2{}^2}{265.077 \times a_1{}^2 + 462.923 \times a_1 a_2 + 740.769 \times a_2{}^2}$$

相関比とも
いいます

が最大となるように線型判別関数の係数 a_1, a_2 を求めます.

そこで, この変動比 $\dfrac{S_B}{S_T}$ を a_1, a_2 でそれぞれ偏微分して,

> 連立方程式
>
> $$\begin{cases} \dfrac{\partial}{\partial a_1}\left(\dfrac{S_B}{S_T}\right) = \cdots\cdots\cdots = 0 \\[2mm] \dfrac{\partial}{\partial a_2}\left(\dfrac{S_B}{S_T}\right) = \cdots\cdots\cdots = 0 \end{cases}$$

ややこしいので
省略 !!

を解けばよいのですが….

ところが, この連立方程式の解は,

次の簡単な連立 1 次方程式の解と一致します.

> $$\begin{cases} 16.615 \times a_1 + 6.887 \times a_2 = 20.3 - 15.3 \\ 6.887 \times a_1 + 40.569 \times a_2 = 28.8 - 19.3 \end{cases}$$

線型判別関数の求め方——公式

手順 0 プールされたグループ内平方和積和行列を求めておく.

$$\begin{bmatrix} w_{11} & w_{12} \\ w_{12} & w_{22} \end{bmatrix}$$

§6.4 を
見てください

手順 1 プールされたグループ内分散共分散行列を計算する.

$$\begin{bmatrix} s_{11} & s_{12} \\ s_{12} & s_{22} \end{bmatrix} = \begin{bmatrix} \dfrac{w_{11}}{N_A + N_B - 2} & \dfrac{w_{12}}{N_A + N_B - 2} \\ \dfrac{w_{12}}{N_A + N_B - 2} & \dfrac{w_{22}}{N_A + N_B - 2} \end{bmatrix}$$

手順 2 線型判別関数の係数 a_1, a_2 と定数項 a_0 を計算する.

すでに求めた統計量を用いると

$$a_1 = \frac{1}{s_{11} \times s_{22} - s_{12}^2} \times \left\{ s_{22} \times \left(\frac{\sum x_{1i}^{(A)}}{N_A} - \frac{\sum x_{1i}^{(B)}}{N_B} \right) - s_{12} \times \left(\frac{\sum x_{2i}^{(A)}}{N_A} - \frac{\sum x_{2i}^{(B)}}{N_B} \right) \right\}$$

$$a_2 = \frac{1}{s_{11} \times s_{22} - s_{12}^2} \times \left\{ - s_{12} \times \left(\frac{\sum x_{1i}^{(A)}}{N_A} - \frac{\sum x_{1i}^{(B)}}{N_B} \right) + s_{11} \times \left(\frac{\sum x_{2i}^{(A)}}{N_A} - \frac{\sum x_{2i}^{(B)}}{N_B} \right) \right\}$$

$$a_0 = -1 \times \left\{ a_1 \times \frac{\sum x_{1i}^{(A)} + \sum x_{1i}^{(B)}}{N_A + N_B} + a_2 \times \frac{\sum x_{2i}^{(A)} + \sum x_{2i}^{(B)}}{N_A + N_B} \right\}$$

$$s_{11} \times a_1 + s_{12} \times a_2 = \bar{x}_1^{(A)} - \bar{x}_1^{(B)}$$
$$s_{12} \times a_1 + s_{22} \times a_2 = \bar{x}_2^{(A)} - \bar{x}_2^{(B)}$$

簡単だね～

a_1, a_2 は,次の計算結果と一致します!

$$\begin{bmatrix} a_1 \\ a_2 \end{bmatrix} = \begin{bmatrix} s_{11} & s_{12} \\ s_{12} & s_{22} \end{bmatrix}^{-1} \cdot \begin{bmatrix} \bar{x}_1^{(A)} - \bar{x}_1^{(B)} \\ \bar{x}_2^{(A)} - \bar{x}_2^{(B)} \end{bmatrix}$$

線型判別関数の求め方──例題

手順 0 プールされたグループ内平方和積和行列を求めておくと……

$$\begin{bmatrix} w_{11} & w_{12} \\ w_{12} & w_{22} \end{bmatrix} = \begin{bmatrix} 182.762 & 75.762 \\ 75.762 & 446.262 \end{bmatrix}$$

§6.4 を
見ると…

手順 1 プールされたグループ内分散共分散行列を計算すると……

$$\begin{bmatrix} s_{11} & s_{12} \\ s_{12} & s_{22} \end{bmatrix} = \begin{bmatrix} \dfrac{182.762}{6+7-2} & \dfrac{75.762}{6+7-2} \\ \dfrac{75.762}{6+7-2} & \dfrac{446.262}{6+7-2} \end{bmatrix} = \begin{bmatrix} 16.615 & 6.887 \\ 6.887 & 40.569 \end{bmatrix}$$

手順 2 線型判別関数の係数 a_1, a_2 と定数項 a_0 を計算すると……

$$a_1 = \frac{1}{\boxed{16.615} \times \boxed{40.569} - \boxed{6.887}^2} \times \left\{ \boxed{40.569} \times \left(\frac{\boxed{122}}{6} - \frac{\boxed{107}}{7} \right) \right.$$
$$\left. - \boxed{6.887} \times \left(\frac{\boxed{173}}{6} - \frac{\boxed{135}}{7} \right) \right\} = \boxed{0.222}$$

$$a_2 = \frac{1}{\boxed{16.615} \times \boxed{40.569} - \boxed{6.887}^2} \times \left\{ - \boxed{6.887} \times \left(\frac{\boxed{122}}{6} - \frac{\boxed{107}}{7} \right) \right.$$
$$\left. + \boxed{16.615} \times \left(\frac{\boxed{173}}{6} - \frac{\boxed{135}}{7} \right) \right\} = \boxed{0.198}$$

$$a_0 = -1 \times \left(0.222 \times \frac{122+107}{6+7} + 0.198 \times \frac{173+135}{6+7} \right) = \boxed{-8.592}$$

したがって，線型判別関数 z は，次のようになります．

$$z = \boxed{0.222} \times x_1 + \boxed{0.198} \times x_2 + \boxed{-8.592}$$

演習　判別分析 ―その1―

■線型判別関数を求めよう

ある霧の深い朝のこと……．

オクス川とケンブ川の合流地点の運河に
男性の溺死体が浮かんでいた．

死体の状況からして，この2つの川のどちらかの上流で
殺されたようである．

モウス主任警部は，調査を開始した．

その結果，殺人現場を特定できれば，有力な容疑者の決め手になることが
わかった．

そこで，モウス主任警部は，イシム博士の協力のもと，
判別分析を使って，殺人現場を特定することにした．

次のデータは，オクス川とケンブ川における溶存酸素量と
生物化学的酸素要求量の測定結果である．

被害者の体内に残っていた溶存酸素量と生物化学的酸素要求量は，
溶存酸素量＝ 6.2 ，生物化学的酸素要求量＝ 5.1 であった．

この被害者は，どちらの川で殺害されたのだろうか？

表 6.1.1　オクス川とケンブ川

グループ A オクス川				グループ B ケンブ川		
No	溶存酸素量	酸素要求量		No	溶存酸素量	酸素要求量
1	6.5	3.5		1	3.9	6.2
2	7.5	4.5		2	4.9	4.5
3	8.6	4.7		3	5.1	6.1
4	7.9	3.9		4	2.9	5.8
5	8.2	5.6		5	2.5	4.6
6	7.5	5.2		6	5.2	6.7
7	5.9	4.9		7	3.6	4.8
	↑	↑			↑	↑
	x_1	x_2			x_1	x_2

判別分析の計算は
大変です！

はじめに，いろいろな
平方和積和行列を
計算しておきましょう！

§6.4 を見てください

手順 **0** はじめに，データの合計と
プールされたグループ内平方和積和行列を
求めておこう．

§6.4
ですね！

No	x_1	x_2
1	6.5	3.5
2	7.5	4.5
3	8.6	4.7
4	7.9	3.9
5	8.2	5.6
6	7.5	5.2
7	5.9	4.9
合計		

No	x_1	x_2
1	3.9	6.2
2	4.9	4.5
3	5.1	6.1
4	2.9	5.8
5	2.5	4.6
6	5.2	6.7
7	3.6	4.8
合計		

§6.4 で計算したプールされたグループ内平方和積和行列

$$\begin{bmatrix} w_{11} & w_{12} \\ w_{12} & w_{22} \end{bmatrix} = \begin{bmatrix} \boxed{} & \boxed{} \\ \boxed{} & \boxed{} \end{bmatrix}$$

p.204 で
求めているよ

手順 **1** プールされたグループ内分散共分散行列を計算しよう．
プールされたグループ内分散共分散行列は

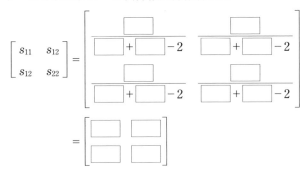

手順 ② 線型判別関数の係数 a_1, a_2 と定数項を計算しよう.

$$a_1 = \cfrac{1}{\boxed{} \times \boxed{} - \boxed{}^2} \times \left\{ \boxed{} \times \left(\cfrac{\boxed{}}{\boxed{}} - \cfrac{\boxed{}}{\boxed{}} \right) \right.$$

$$\left. - \boxed{} \times \left(\cfrac{\boxed{}}{\boxed{}} - \cfrac{\boxed{}}{\boxed{}} \right) \right\}$$

$$= \boxed{}$$

$$a_2 = \cfrac{1}{\boxed{} \times \boxed{} - \boxed{}^2} \times \left\{ - \boxed{} \times \left(\cfrac{\boxed{}}{\boxed{}} - \cfrac{\boxed{}}{\boxed{}} \right) \right.$$

$$\left. + \boxed{} \times \left(\cfrac{\boxed{}}{\boxed{}} - \cfrac{\boxed{}}{\boxed{}} \right) \right\}$$

$$= \boxed{}$$

$$a_0 = -1 \times \left(\boxed{} \times \cfrac{\boxed{} + \boxed{}}{\boxed{} + \boxed{}} + \boxed{} \times \cfrac{\boxed{} + \boxed{}}{\boxed{} + \boxed{}} \right)$$

$$= \boxed{}$$

したがって，線型判別関数 z は

$$z = \boxed{} \times x_1 + \boxed{} \times x_2 + \boxed{}$$

となる.

	Function 1
溶存酸素量	1.013
酸素要求量	−.796
(Constant)	−1.767

Unstandardized coefficients

SPSS の出力です！

係数は定数倍の違いだよ

p.146 を見てね

6.2 マハラノビスの距離を求めよう

マハラノビスの距離による判別は，2次曲線で
2つのグループ A, B を分離する方法です．

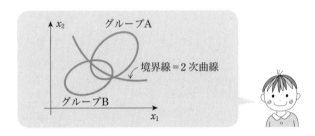

マハラノビスの距離は，分散共分散行列を利用して定義します．

> **グループ A と点 (x_1, x_2) とのマハラノビスの距離の2乗**
>
> $$D_{\mathrm{A}}{}^2(x_1, x_2) = (x_1 - \overline{x}_1^{(\mathrm{A})} \quad x_2 - \overline{x}_2^{(\mathrm{A})}) \cdot \begin{bmatrix} s_{11}^{(\mathrm{A})} & s_{12}^{(\mathrm{A})} \\ s_{12}^{(\mathrm{A})} & s_{22}^{(\mathrm{A})} \end{bmatrix}^{-1} \cdot \begin{bmatrix} x_1 - \overline{x}_1^{(\mathrm{A})} \\ x_2 - \overline{x}_2^{(\mathrm{A})} \end{bmatrix}$$

$$= \frac{s_{22}^{(\mathrm{A})} \times (x_1 - \overline{x}_1^{(\mathrm{A})})^2 + s_{11}^{(\mathrm{A})} \times (x_2 - \overline{x}_2^{(\mathrm{A})})^2 - 2 \times s_{12}^{(\mathrm{A})} \times (x_1 - \overline{x}_1^{(\mathrm{A})}) \times (x_2 - \overline{x}_2^{(\mathrm{A})})}{s_{11}^{(\mathrm{A})} \times s_{22}^{(\mathrm{A})} - s_{12}^{(\mathrm{A})} \times s_{12}^{(\mathrm{A})}}$$

> **グループ B と点 (x_1, x_2) とのマハラノビスの距離の2乗**
>
> $$D_{\mathrm{B}}{}^2(x_1, x_2) = (x_1 - \overline{x}_1^{(\mathrm{B})} \quad x_2 - \overline{x}_2^{(\mathrm{B})}) \cdot \begin{bmatrix} s_{11}^{(\mathrm{B})} & s_{12}^{(\mathrm{B})} \\ s_{12}^{(\mathrm{B})} & s_{22}^{(\mathrm{B})} \end{bmatrix}^{-1} \cdot \begin{bmatrix} x_1 - \overline{x}_1^{(\mathrm{B})} \\ x_2 - \overline{x}_2^{(\mathrm{B})} \end{bmatrix}$$

$$= \frac{s_{22}^{(\mathrm{B})} \times (x_1 - \overline{x}_1^{(\mathrm{B})})^2 + s_{11}^{(\mathrm{B})} \times (x_2 - \overline{x}_2^{(\mathrm{B})})^2 - 2 \times s_{12}^{(\mathrm{B})} \times (x_1 - \overline{x}_1^{(\mathrm{B})}) \times (x_2 - \overline{x}_2^{(\mathrm{B})})}{s_{11}^{(\mathrm{B})} \times s_{22}^{(\mathrm{B})} - s_{12}^{(\mathrm{B})} \times s_{12}^{(\mathrm{B})}}$$

したがって，グループ A とグループ B の境界線は

$$D_{\mathrm{A}}^2(x_1, x_2) - D_{\mathrm{B}}^2(x_1, x_2) = 0$$

を満たす 2 次式の点 (x_1, x_2) の集まりになります．

マハラノビスの距離の 2 乗に，グループの平均値を代入してみると…．

$$D^2(\overline{x}_1, \overline{x}_2) = (\overline{x}_1 - \overline{x}_1 \quad \overline{x}_2 - \overline{x}_2) \cdot \begin{bmatrix} s_{11} & s_{12} \\ s_{12} & s_{22} \end{bmatrix}^{-1} \cdot \begin{bmatrix} \overline{x}_1 - \overline{x}_1 \\ \overline{x}_2 - \overline{x}_2 \end{bmatrix}$$

$$= (0 \quad 0) \cdot \begin{bmatrix} s_{11} & s_{12} \\ s_{12} & s_{22} \end{bmatrix}^{-1} \cdot \begin{bmatrix} 0 \\ 0 \end{bmatrix}$$

$$= 0$$

◆ ( )・[ ]⁻¹・( ) は行列のかけ算です

となるので，マハラノビスの距離は

"グループの平均値からの隔たり"

と考えることができます．

平均値＝重心

　フツーの距離の場合
点 (x_1, x_2) と平均値 $(\overline{x}_1, \overline{x}_2)$ との距離の 2 乗は

$$D^2 = (x_1 - \overline{x}_1)^2 + (x_2 - \overline{x}_2)^2$$

となります．

　マハラノビスの距離の 2 乗を変形してみると

$$D^2(x_1, x_2) = \frac{(x_1 - \overline{x}_1)^2}{\dfrac{s_{11} \times s_{22} - s_{12} \times s_{12}}{s_{22}}} + \frac{(x_2 - \overline{x}_2)^2}{\dfrac{s_{11} \times s_{22} - s_{12} \times s_{12}}{s_{11}}} - \frac{2(x_1 - \overline{x}_1)(x_2 - \overline{x}_2)}{\dfrac{s_{11} \times s_{22} - s_{12} \times s_{12}}{s_{12}}}$$

となっています．

マハラノビスの距離とは
"データの分散と共分散を
考慮に入れた
グループの平均値からの隔たり!!"

$D^2(x_1, x_2)$ は
x_1 と x_2 の 2 次式です

マハラノビスの距離の求め方の公式

手順 0 いろいろな平方和積和行列を求めておく.

§6.4
です！

手順 1 グループ A の分散共分散行列と行列式を計算する.

$$\text{グループ A} \cdots \begin{bmatrix} s_{11}^{(A)} & s_{12}^{(A)} \\ s_{12}^{(A)} & s_{22}^{(A)} \end{bmatrix} = \begin{bmatrix} \dfrac{w_{11}^{(A)}}{N_A - 1} & \dfrac{w_{12}^{(A)}}{N_A - 1} \\ \dfrac{w_{12}^{(A)}}{N_A - 1} & \dfrac{w_{22}^{(A)}}{N_A - 1} \end{bmatrix}$$

$$DET_A = s_{11}^{(A)} \times s_{22}^{(A)} - s_{12}^{(A)} \times s_{12}^{(A)}$$

グループ A の
平方和積和行列 $\begin{bmatrix} w_{11}^{(A)} & w_{12}^{(A)} \\ w_{12}^{(A)} & w_{22}^{(A)} \end{bmatrix}$ を利用します

手順 2 グループ A のマハラノビスの距離 $D_A(x_1, x_2)$ の 2 乗を計算する.

$$D_A{}^2(x_1, x_2) = \frac{s_{22}^{(A)}}{DET_A} \times x_1{}^2 + \frac{s_{11}^{(A)}}{DET_A} \times x_2{}^2 - \frac{2 \times s_{12}^{(A)}}{DET_A} \times x_1 \times x_2$$

$$+ \frac{2 \times (s_{12}^{(A)} \times \bar{x}_2^{(A)} - s_{22}^{(A)} \times \bar{x}_1^{(A)})}{DET_A} \times x_1$$

$$+ \frac{2 \times (s_{12}^{(A)} \times \bar{x}_1^{(A)} - s_{11}^{(A)} \times \bar{x}_2^{(A)})}{DET_A} \times x_2$$

$$+ \frac{s_{22}^{(A)} \times (\bar{x}_1^{(A)})^2 + s_{11}^{(A)} \times (\bar{x}_2^{(A)})^2 - 2 \times s_{12}^{(A)} \times \bar{x}_1^{(A)} \times \bar{x}_2^{(A)}}{DET_A}$$

$$\bar{x}_1^{(A)} = \frac{\sum x_{1i}^{(A)}}{N_A} \qquad \bar{x}_2^{(A)} = \frac{\sum x_{2i}^{(A)}}{N_A}$$

マハラノビスの距離の求め方

手順 1 グループ A の分散共分散行列と行列式を計算すると…

$$\begin{bmatrix} s_{11}^{(A)} & s_{12}^{(A)} \\ s_{12}^{(A)} & s_{22}^{(A)} \end{bmatrix} = \begin{bmatrix} \dfrac{79.333}{6-1} & \dfrac{52.333}{6-1} \\ \dfrac{52.333}{6-1} & \dfrac{162.833}{6-1} \end{bmatrix}$$

平方和積和行列は
p.199

$$= \begin{bmatrix} 15.867 & 10.467 \\ 10.467 & 32.567 \end{bmatrix}$$

グループ A の
分散共分散行列

$$DET_A = \boxed{15.867} \times \boxed{32.567} - \boxed{10.467}^2 = \boxed{407.173}$$

手順 2 マハラノビスの距離 $D_A(x_1, x_2)$ の 2 乗を計算すると…

$$D_A{}^2(x_1, x_2) = \frac{\boxed{32.567}}{\boxed{407.173}} \times x_1{}^2 + \frac{\boxed{15.867}}{\boxed{407.173}} \times x_2{}^2 - \frac{2 \times \boxed{10.467}}{\boxed{407.173}} \times x_1 \times x_2$$

$$+ \frac{2 \times (\boxed{10.467} \times \boxed{28.8} - \boxed{32.567} \times \boxed{20.3})}{\boxed{407.173}} \times x_1$$

$$+ \frac{2 \times (\boxed{10.467} \times \boxed{20.3} - \boxed{15.867} \times \boxed{28.8})}{\boxed{407.173}} \times x_2$$

$$+ \frac{\boxed{32.567} \times (\boxed{20.3})^2 + \boxed{15.867} \times (\boxed{28.8})^2 - 2 \times \boxed{10.467} \times \boxed{20.3} \times \boxed{28.8}}{\boxed{407.173}}$$

$$= \boxed{0.080} \times x_1{}^2 + \boxed{0.039} \times x_2{}^2 + \boxed{-0.051} \times x_1 \times x_2$$

$$+ \boxed{-1.770} \times x_1 + \boxed{-1.202} \times x_2 + \boxed{35.323}$$

手順 **3** 　グループ B の分散共分散行列と行列式を計算する.

$$\text{グループ B} \cdots \begin{bmatrix} s_{11}^{(B)} & s_{12}^{(B)} \\ s_{12}^{(B)} & s_{22}^{(B)} \end{bmatrix} = \begin{bmatrix} \dfrac{w_{11}^{(B)}}{N_B - 1} & \dfrac{w_{12}^{(B)}}{N_B - 1} \\ \dfrac{w_{12}^{(B)}}{N_B - 1} & \dfrac{w_{22}^{(B)}}{N_B - 1} \end{bmatrix}$$

$$DET_B = s_{11}^{(B)} \times s_{22}^{(B)} - s_{12}^{(B)} \times s_{12}^{(B)}$$

> グループ B の
> 平方和積和行列 $\begin{bmatrix} w_{11}^{(B)} & w_{12}^{(B)} \\ w_{12}^{(B)} & w_{22}^{(B)} \end{bmatrix}$ を利用します

手順 **4** 　グループ B のマハラノビスの距離 $D_B\,(x_1, x_2)$ の 2 乗を計算する.

$$D_B{}^2(x_1, x_2) = \frac{s_{22}^{(B)}}{DET_B} \times x_1{}^2 + \frac{s_{11}^{(B)}}{DET_B} \times x_2{}^2 - \frac{2 \times s_{12}^{(B)}}{DET_B} \times x_1 \times x_2$$

$$+ \frac{2 \times (s_{12}^{(B)} \times \overline{x}_2^{(B)} - s_{22}^{(B)} \times \overline{x}_1^{(B)})}{DET_B} \times x_1$$

$$+ \frac{2 \times (s_{12}^{(B)} \times \overline{x}_1^{(B)} - s_{11}^{(B)} \times \overline{x}_2^{(B)})}{DET_B} \times x_2$$

$$+ \frac{s_{22}^{(B)} \times (\overline{x}_1^{(B)})^2 + s_{11}^{(B)} \times (\overline{x}_2^{(B)})^2 - 2 \times s_{12}^{(B)} \times \overline{x}_1^{(B)} \times \overline{x}_2^{(B)}}{DET_B}$$

> $$\overline{x}_1^{(B)} = \frac{\sum x_{1i}^{(B)}}{N_B} \qquad \overline{x}_2^{(B)} = \frac{\sum x_{2i}^{(B)}}{N_B}$$

手順 3　グループ B の分散共分散行列と行列式を計算すると…

$$
\begin{bmatrix} s_{11}^{(B)} & s_{12}^{(B)} \\ s_{12}^{(B)} & s_{22}^{(B)} \end{bmatrix} = \begin{bmatrix} \dfrac{\boxed{103.429}}{\boxed{7}-1} & \dfrac{\boxed{23.429}}{\boxed{7}-1} \\ \dfrac{\boxed{23.429}}{\boxed{7}-1} & \dfrac{\boxed{283.429}}{\boxed{7}-1} \end{bmatrix}
$$

平方和積和行列は
p.199

$$
= \begin{bmatrix} \boxed{17.238} & \boxed{3.905} \\ \boxed{3.905} & \boxed{47.238} \end{bmatrix}
$$

グループ B の
分散共分散行列

$$
DET_B = \boxed{17.238} \times \boxed{47.238} - \boxed{3.905}^2 = \boxed{799.048}
$$

手順 4　グループ B のマハラノビスの距離 $D_B(x_1, x_2)$ の 2 乗を計算すると…

$$
D_B{}^2(x_1, x_2) = \frac{\boxed{47.238}}{\boxed{799.048}} \times x_1{}^2 + \frac{\boxed{17.238}}{\boxed{799.048}} \times x_2{}^2 - \frac{2 \times \boxed{3.905}}{\boxed{799.048}} \times x_1 \times x_2
$$

$$
+ \frac{2 \times (\boxed{3.905} \times \boxed{19.3} - \boxed{47.238} \times \boxed{15.3})}{\boxed{799.048}} \times x_1
$$

$$
+ \frac{2 \times (\boxed{3.905} \times \boxed{15.3} - \boxed{17.238} \times \boxed{19.3})}{\boxed{799.048}} \times x_2
$$

$$
+ \frac{\boxed{47.238} \times (\boxed{15.3})^2 + \boxed{17.238} \times (\boxed{19.3})^2 - 2 \times \boxed{3.905} \times \boxed{15.3} \times \boxed{19.3}}{\boxed{799.048}}
$$

$$
= \boxed{0.059} \times x_1{}^2 + \boxed{0.022} \times x_2{}^2 + \boxed{-0.010} \times x_1 \times x_2
$$

$$
+ \boxed{-1.619} \times x_1 + \boxed{-0.683} \times x_2 + \boxed{18.956}
$$

演習　判別分析 ―その2―

■マハラノビスの距離を求めよう

「オクスブリッジ運河殺人事件」

┌─ モウス主任警部の疑問 ─

　　線型判別関数は求めることができたのだが

　マハラノビスの距離はどうなっているのか？

　　分散共分散行列を利用して，

　マハラノビスの距離の式を求めてみよう！

手順 0　平方和積和行列は，次のようになった*!!*

グループ A $\begin{bmatrix} & \\ & \end{bmatrix}$　　　　グループ B $\begin{bmatrix} & \\ & \end{bmatrix}$

手順 1　グループ A, B の分散共分散行列と行列式を求めよう

$$\begin{bmatrix} s_{11}^{(A)} & s_{12}^{(A)} \\ s_{12}^{(A)} & s_{22}^{(A)} \end{bmatrix} = \begin{bmatrix} \dfrac{\boxed{}}{\boxed{}-1} & \dfrac{\boxed{}}{\boxed{}-1} \\ \dfrac{\boxed{}}{\boxed{}-1} & \dfrac{\boxed{}}{\boxed{}-1} \end{bmatrix} = \begin{bmatrix} \boxed{} & \boxed{} \\ \boxed{} & \boxed{} \end{bmatrix}$$

$$DET_A = \boxed{} \times \boxed{} - \boxed{}^2 = \boxed{}$$

$$\begin{bmatrix} s_{11}^{(B)} & s_{12}^{(B)} \\ s_{12}^{(B)} & s_{22}^{(B)} \end{bmatrix} = \begin{bmatrix} \dfrac{\boxed{}}{\boxed{}-1} & \dfrac{\boxed{}}{\boxed{}-1} \\ \dfrac{\boxed{}}{\boxed{}-1} & \dfrac{\boxed{}}{\boxed{}-1} \end{bmatrix} = \begin{bmatrix} \boxed{} & \boxed{} \\ \boxed{} & \boxed{} \end{bmatrix}$$

$$DET_B = \boxed{} \times \boxed{} - \boxed{}^2 = \boxed{}$$

手順 **2** マハラノビスの距離の 2 乗 $D_\mathrm{A}^2(x_1, x_2)$, $D_\mathrm{B}^2(x_1, x_2)$ を
計算してみよう.

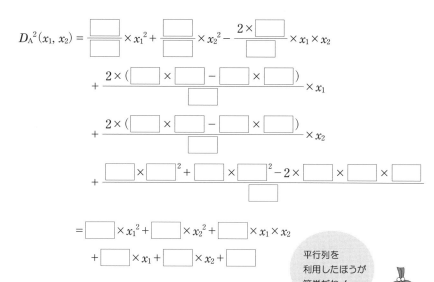

$D_\mathrm{A}^2(x_1, x_2) = \dfrac{\boxed{}}{\boxed{}} \times x_1{}^2 + \dfrac{\boxed{}}{\boxed{}} \times x_2{}^2 - \dfrac{2 \times \boxed{}}{\boxed{}} \times x_1 \times x_2$

$\quad + \dfrac{2 \times (\boxed{} \times \boxed{} - \boxed{} \times \boxed{})}{\boxed{}} \times x_1$

$\quad + \dfrac{2 \times (\boxed{} \times \boxed{} - \boxed{} \times \boxed{})}{\boxed{}} \times x_2$

$\quad + \dfrac{\boxed{} \times \boxed{}^2 + \boxed{} \times \boxed{}^2 - 2 \times \boxed{} \times \boxed{} \times \boxed{}}{\boxed{}}$

$\quad = \boxed{} \times x_1{}^2 + \boxed{} \times x_2{}^2 + \boxed{} \times x_1 \times x_2$

$\qquad + \boxed{} \times x_1 + \boxed{} \times x_2 + \boxed{}$

平行列を
利用したほうが
簡単だね！

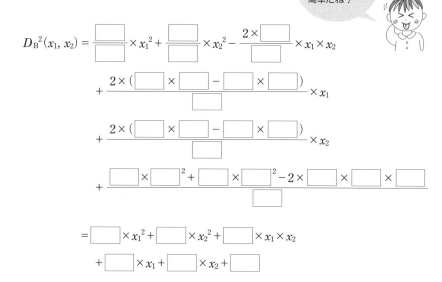

$D_\mathrm{B}^2(x_1, x_2) = \dfrac{\boxed{}}{\boxed{}} \times x_1{}^2 + \dfrac{\boxed{}}{\boxed{}} \times x_2{}^2 - \dfrac{2 \times \boxed{}}{\boxed{}} \times x_1 \times x_2$

$\quad + \dfrac{2 \times (\boxed{} \times \boxed{} - \boxed{} \times \boxed{})}{\boxed{}} \times x_1$

$\quad + \dfrac{2 \times (\boxed{} \times \boxed{} - \boxed{} \times \boxed{})}{\boxed{}} \times x_2$

$\quad + \dfrac{\boxed{} \times \boxed{}^2 + \boxed{} \times \boxed{}^2 - 2 \times \boxed{} \times \boxed{} \times \boxed{}}{\boxed{}}$

$\quad = \boxed{} \times x_1{}^2 + \boxed{} \times x_2{}^2 + \boxed{} \times x_1 \times x_2$

$\qquad + \boxed{} \times x_1 + \boxed{} \times x_2 + \boxed{}$

6.3 判別得点と正答率を求めよう

判別得点は，線型判別関数による判別のときに用いられます．

■線型判別関数による判別得点と正答率
【判別得点】

線型判別関数

$$z = 0.222 \times x_1 + 0.198 \times x_2 - 8.592$$

にデータ (p, q) を代入した値を，判別得点といいます．

$$z = 0.222 \times p + 0.198 \times q - 8.592$$

肥満のイヌのデータ $(19, 32)$ の判別得点は

$$z = 0.222 \times 19 + 0.198 \times 32 - 8.592 = 1.949$$

となります．

【線型判別関数による正答率】

判別得点 z が 0 になれば，そのデータは境界線上にあります．

したがって，

"判別得点 z の値の正・負"

によって，

"データがどちらのグループに属するか"

を判定することができます．

そこで，正答率を，次のように定義します．

$$正答率 = \frac{正しく判別されたデータ数}{データの全数}$$

$$誤判別率 = \frac{誤って判別されたデータ数}{データの全数}$$

マハラノビスの距離
の場合も同じです

■マハラノビスの距離による判別の正答率

マハラノビスの距離の 2 乗 $D_A^2(x_1, x_2)$, $D_B^2(x_1, x_2)$ を計算し

● $D_A^2(x_1, x_2) < D_B^2(x_1, x_2)$ ⇨ グループ A に属する
● $D_A^2(x_1, x_2) > D_B^2(x_1, x_2)$ ⇨ グループ B に属する

と判別します.

グループ A
肥満のイヌ

No	D_A^2	D_B^2
1	0.750	3.841
2	3.812	5.611
3	0.820	6.370
4	0.705	1.328
5	1.395	8.478
6	2.518	0.073

グループ B
健康なイヌ

No	D_A^2	D_B^2
1	5.301	3.531
2	6.771	0.670
3	0.408	1.230
4	3.774	0.096
5	6.627	3.651
6	9.932	1.926
7	7.085	0.897

【マハラノビスの距離による正答率】

したがって, 2 つのグループの正答率は

	正しい判別	誤った判別
肥満のイヌ	5	1
健康なイヌ	6	1

	正答率	誤判別率
肥満のイヌ	$\dfrac{5}{6} \times 100\%$	$\dfrac{1}{6} \times 100\%$
健康なイヌ	$\dfrac{6}{7} \times 100\%$	$\dfrac{1}{7} \times 100\%$

となります.

判別得点と正答率の求め方の公式──線型判別関数による

手順 0 線型判別関数を求めておく.

$$z = a_1 \times x_1 + a_2 \times x_2 + a_0$$

手順 1 線型判別関数 $z = a_1 \times x_1 + a_2 \times x_2 + a_0$ にデータを代入し, 判別得点を計算する.

グループ A

データの型		グループ A の判別得点
x_1	x_2	
$x_{11}^{(A)}$	$x_{21}^{(A)}$	$z_1^{(A)} = a_1 \times x_{11}^{(A)} + a_2 \times x_{21}^{(A)} + a_0$
$x_{12}^{(A)}$	$x_{22}^{(A)}$	$z_2^{(A)} = a_1 \times x_{12}^{(A)} + a_2 \times x_{22}^{(A)} + a_0$
$\vdots$	$\vdots$	$\vdots$
$x_{1N_A}^{(A)}$	$x_{2N_A}^{(A)}$	$z_{N_A}^{(A)} = a_1 \times x_{1N_A}^{(A)} + a_2 \times x_{2N_A}^{(A)} + a_0$

グループ B

データの型		グループ B の判別得点
x_1	x_2	
$x_{11}^{(B)}$	$x_{21}^{(B)}$	$z_1^{(B)} = a_1 \times x_{11}^{(B)} + a_2 \times x_{21}^{(B)} + a_0$
$x_{12}^{(B)}$	$x_{22}^{(B)}$	$z_2^{(B)} = a_1 \times x_{12}^{(B)} + a_2 \times x_{22}^{(B)} + a_0$
$\vdots$	$\vdots$	$\vdots$
$x_{1N_B}^{(B)}$	$x_{2N_B}^{(B)}$	$z_{N_B}^{(B)} = a_1 \times x_{1N_B}^{(B)} + a_2 \times x_{2N_B}^{(B)} + a_0$

手順 2 正しく判別されたデータの個数を求め, 正答率を計算する.

$$\text{グループ A の正答率} = \frac{\text{正しく判別されたデータの個数}}{N_A}$$

$$\text{グループ B の正答率} = \frac{\text{正しく判別されたデータの個数}}{N_B}$$

判別得点と正答率の求め方の例題——線型判別関数による

手順 0 線型判別関数を求めておくと…

$$z = 0.222 \times x_1 + 0.198 \times x_2 - 8.592$$

手順 1 線型判別関数 $z = 0.222 \times x_1 + 0.198 \times x_2 - 8.592$ にデータを代入して
線型判別関数の判別得点を計算すると…

<table>
<tr><td colspan="3" align="center">グループ A</td><td colspan="3" align="center">グループ B</td></tr>
<tr><td>No</td><td>肥満のイヌの
判別得点</td><td></td><td>No</td><td>健康なイヌの
判別得点</td><td></td></tr>
<tr><td>1</td><td>1.95</td><td>正</td><td>1</td><td>0.42</td><td>正</td></tr>
<tr><td>2</td><td>1.70</td><td>正</td><td>2</td><td>−2.27</td><td>負</td></tr>
<tr><td>3</td><td>3.01</td><td>正</td><td>3</td><td>0.54</td><td>正</td></tr>
<tr><td>4</td><td>0.52</td><td>正</td><td>4</td><td>−1.73</td><td>負</td></tr>
<tr><td>5</td><td>3.65</td><td>正</td><td>5</td><td>0.07</td><td>正</td></tr>
<tr><td>6</td><td>−1.11</td><td>負</td><td>6</td><td>−3.78</td><td>負</td></tr>
<tr><td></td><td></td><td></td><td>7</td><td>−2.96</td><td>負</td></tr>
</table>

手順 2 正答率を計算すると…

$z > 0$ が肥満のイヌ，$z < 0$ が健康なイヌなので，

$$肥満のイヌの正答率 = \frac{5}{6} \times 100 = 83.3\%$$

$$健康なイヌの正答率 = \frac{4}{7} \times 100 = 57.1\%$$

> マハラノビスの距離
> による判別の場合と
> 正答率が少し異なりました！

演習　判別分析 —その3—

■判別得点と正答率を計算しよう

「オクスブリッジ運河殺人事件」

┌─ モウス主任警部の疑問 ─

　線型判別関数は，手順0のように求まったので，

　線型判別関数の判別得点と正答率を計算してみよう！

手順 **0**　　線型判別関数は，すでに求まっている.

$$z = \boxed{}\ x_1 + \boxed{}\ x_2 + \boxed{}$$

SPSS の
出力です！

オクス川

No	x_1	x_2	判別得点
1	6.5	3.5	2.032
2	7.5	4.5	2.249
3	8.6	4.7	3.204
4	7.9	3.9	3.132
5	8.2	5.6	2.083
6	7.5	5.2	1.692
7	5.9	4.9	.310

ケンブ川

No	x_1	x_2	判別得点
1	3.9	6.2	−2.750
2	4.9	4.5	−.385
3	5.1	6.1	−1.455
4	2.9	5.8	−3.445
5	2.5	4.6	−2.895
6	5.2	6.7	−1.831
7	3.6	4.8	−1.940

手順 1　線型判別関数の判別得点を求めよう.

No	オクス川の判別得点
1	☐ × ☐ + ☐ × ☐ + ☐ = ☐
2	☐ × ☐ + ☐ × ☐ + ☐ = ☐
3	☐ × ☐ + ☐ × ☐ + ☐ = ☐
4	☐ × ☐ + ☐ × ☐ + ☐ = ☐
5	☐ × ☐ + ☐ × ☐ + ☐ = ☐

データは p.179 の表 6.1.2

No	ケンブ川の判別得点
1	☐ × ☐ + ☐ × ☐ + ☐ = ☐
2	☐ × ☐ + ☐ × ☐ + ☐ = ☐
3	☐ × ☐ + ☐ × ☐ + ☐ = ☐
4	☐ × ☐ + ☐ × ☐ + ☐ = ☐
5	☐ × ☐ + ☐ × ☐ + ☐ = ☐

手順 2　正答率を計算しよう.

$z > 0$ が ☐, $z < 0$ が ☐ なので

$$オクス川の正答率 = \frac{\boxed{}}{\boxed{}} \times 100 = \boxed{} \%$$

$$ケンブ川の正答率 = \frac{\boxed{}}{\boxed{}} \times 100 = \boxed{} \%$$

6.4 平方和積和行列を求めよう

判別分析のデータの型と統計量の公式──判別分析のための

手順 ❶ データの型から，次の統計量を求める．

⬇グループ A のデータ
には (A) をつけている

グループ A

No	データの型		データの2乗		データの積
	x_1	x_2	x_1^2	x_2^2	$x_1 \times x_2$
1	$x_{11}^{(A)}$	$x_{21}^{(A)}$	$x_{11}^{(A)2}$	$x_{21}^{(A)2}$	$x_{11}^{(A)} \times x_{21}^{(A)}$
2	$x_{12}^{(A)}$	$x_{22}^{(A)}$	$x_{12}^{(A)2}$	$x_{22}^{(A)2}$	$x_{12}^{(A)} \times x_{22}^{(A)}$
$\vdots$	$\vdots$	$\vdots$	$\vdots$	$\vdots$	$\vdots$
N_A	$x_{1N_A}^{(A)}$	$x_{2N_A}^{(A)}$	$x_{1N_A}^{(A)2}$	$x_{2N_A}^{(A)2}$	$x_{1N_A}^{(A)} \times x_{2N_A}^{(A)}$
合計	$\sum x_{1i}^{(A)}$	$\sum x_{2i}^{(A)}$	$\sum x_{1i}^{(A)2}$	$\sum x_{2i}^{(A)2}$	$\sum x_{1i}^{(A)} \times x_{2i}^{(A)}$

グループ B

No	データの型		データの2乗		データの積
	x_1	x_2	x_1^2	x_2^2	$x_1 \times x_2$
1	$x_{11}^{(B)}$	$x_{21}^{(B)}$	$x_{11}^{(B)2}$	$x_{21}^{(B)2}$	$x_{11}^{(B)} \times x_{21}^{(B)}$
2	$x_{12}^{(B)}$	$x_{22}^{(B)}$	$x_{12}^{(B)2}$	$x_{22}^{(B)2}$	$x_{12}^{(B)} \times x_{22}^{(B)}$
$\vdots$	$\vdots$	$\vdots$	$\vdots$	$\vdots$	$\vdots$
N_B	$x_{1N_B}^{(B)}$	$x_{2N_B}^{(B)}$	$x_{1N_B}^{(B)2}$	$x_{2N_B}^{(B)2}$	$x_{1N_B}^{(B)} \times x_{2N_B}^{(B)}$
合計	$\sum x_{1i}^{(B)}$	$\sum x_{2i}^{(B)}$	$\sum x_{1i}^{(B)2}$	$\sum x_{2i}^{(B)2}$	$\sum x_{1i}^{(B)} \times x_{2i}^{(B)}$

⬆グループ B のデータ
には (B) をつけている

Attention please !

$$x_{11}^{(A)2} = \left(x_{11}^{(A)}\right)^2$$

$$x_{11}^{(B)2} = \left(x_{11}^{(B)}\right)^2$$

ややこしい…

判別分析のデータと統計量の例題──判別分析のための

手順 ❶ データから，次の統計量を求めると…

グループ A（肥満のイヌ）

No	体重 x_1	体脂肪率 x_2	データの 2 乗 $x_1{}^2$	データの 2 乗 $x_2{}^2$	データの積 $x_1 \times x_2$
1	19	32	361	1024	608
2	25	24	625	576	600
3	22	34	484	1156	748
4	17	27	289	729	459
5	24	35	576	1225	840
6	15	21	225	441	315
合計	122	173	2560	5151	3570

グループ B（健康なイヌ）

No	体重 x_1	体脂肪率 x_2	データの 2 乗 $x_1{}^2$	データの 2 乗 $x_2{}^2$	データの積 $x_1 \times x_2$
1	13	31	169	961	403
2	16	14	256	196	224
3	18	26	324	676	468
4	14	19	196	361	266
5	23	18	529	324	414
6	11	12	121	144	132
7	12	15	144	225	180
合計	107	135	1739	2887	2087

グループ A の
データ数 $N_A = 6$

グループ B の
データ数 $N_B = 7$

手順 2 グループ A とグループ B の平方和積和行列を計算する.

グループ A の平方和積和行列

$$
\left[
\begin{array}{cc}
\sum x_{1i}^{(A)2} - \dfrac{(\sum x_{1i}^{(A)})^2}{N_A} & \sum x_{1i}^{(A)} \times x_{2i}^{(A)} - \dfrac{(\sum x_{1i}^{(A)}) \times (\sum x_{2i}^{(A)})}{N_A} \\[4mm]
\sum x_{1i}^{(A)} \times x_{2i}^{(A)} - \dfrac{(\sum x_{1i}^{(A)}) \times (\sum x_{2i}^{(A)})}{N_A} & \sum x_{2i}^{(A)2} - \dfrac{(\sum x_{2i}^{(A)})^2}{N_A}
\end{array}
\right]
$$

$$
= \left[
\begin{array}{cc}
w_{11}^{(A)} & w_{12}^{(A)} \\
w_{12}^{(A)} & w_{22}^{(A)}
\end{array}
\right]
$$

➡ **グループ A の分散共分散行列**

$$
\left[
\begin{array}{cc}
s_{11}^{(A)} & s_{12}^{(A)} \\
s_{12}^{(A)} & s_{22}^{(A)}
\end{array}
\right]
= \left[
\begin{array}{cc}
\dfrac{w_{11}^{(A)}}{N_A - 1} & \dfrac{w_{12}^{(A)}}{N_A - 1} \\[4mm]
\dfrac{w_{12}^{(A)}}{N_A - 1} & \dfrac{w_{22}^{(A)}}{N_A - 1}
\end{array}
\right]
$$

グループ B の平方和積和行列

$$
\left[
\begin{array}{cc}
\sum x_{1i}^{(B)2} - \dfrac{(\sum x_{1i}^{(B)})^2}{N_B} & \sum x_{1i}^{(B)} \times x_{2i}^{(B)} - \dfrac{(\sum x_{1i}^{(B)}) \times (\sum x_{2i}^{(B)})}{N_B} \\[4mm]
\sum x_{1i}^{(B)} \times x_{2i}^{(B)} - \dfrac{(\sum x_{1i}^{(B)}) \times (\sum x_{2i}^{(B)})}{N_B} & \sum x_{2i}^{(B)2} - \dfrac{(\sum x_{2i}^{(B)})^2}{N_B}
\end{array}
\right]
$$

$$
= \left[
\begin{array}{cc}
w_{11}^{(B)} & w_{12}^{(B)} \\
w_{12}^{(B)} & w_{22}^{(B)}
\end{array}
\right]
$$

➡ **グループ B の分散共分散行列**

$$
\left[
\begin{array}{cc}
s_{11}^{(B)} & s_{12}^{(B)} \\
s_{12}^{(B)} & s_{22}^{(B)}
\end{array}
\right]
= \left[
\begin{array}{cc}
\dfrac{w_{11}^{(B)}}{N_B - 1} & \dfrac{w_{12}^{(B)}}{N_B - 1} \\[4mm]
\dfrac{w_{12}^{(B)}}{N_B - 1} & \dfrac{w_{22}^{(B)}}{N_B - 1}
\end{array}
\right]
$$

手順 **2**　グループ A とグループ B の平方和積和行列を計算すると…

グループ A の平方和積和行列

$$
\begin{bmatrix}
\boxed{2560} - \dfrac{\boxed{122}^{\,2}}{6} & \boxed{3570} - \dfrac{\boxed{122} \times \boxed{173}}{6} \\[4mm]
\boxed{3570} - \dfrac{\boxed{122} \times \boxed{173}}{6} & \boxed{5151} - \dfrac{\boxed{173}^{\,2}}{6}
\end{bmatrix}
$$

$$
=
\begin{bmatrix}
\boxed{79.333} & \boxed{52.333} \\[2mm]
\boxed{52.333} & \boxed{162.833}
\end{bmatrix}
$$

➡グループ A の分散共分散行列

$$
\begin{bmatrix}
s_{11}^{(A)} & s_{12}^{(A)} \\[2mm]
s_{12}^{(A)} & s_{22}^{(A)}
\end{bmatrix}
=
\begin{bmatrix}
\dfrac{79.333}{6-1} & \dfrac{52.333}{6-1} \\[4mm]
\dfrac{52.333}{6-1} & \dfrac{162.833}{6-1}
\end{bmatrix}
$$

グループ B の平方和積和行列

$$
\begin{bmatrix}
\boxed{1739} - \dfrac{\boxed{107}^{\,2}}{7} & \boxed{2087} - \dfrac{\boxed{107} \times \boxed{135}}{7} \\[4mm]
\boxed{2087} - \dfrac{\boxed{107} \times \boxed{135}}{7} & \boxed{2887} - \dfrac{\boxed{135}^{\,2}}{7}
\end{bmatrix}
$$

$$
=
\begin{bmatrix}
\boxed{103.429} & \boxed{23.429} \\[2mm]
\boxed{23.429} & \boxed{283.429}
\end{bmatrix}
$$

➡グループ B の分散共分散行列

$$
\begin{bmatrix}
s_{11}^{(B)} & s_{12}^{(B)} \\[2mm]
s_{12}^{(B)} & s_{22}^{(B)}
\end{bmatrix}
=
\begin{bmatrix}
\dfrac{103.429}{7-1} & \dfrac{23.429}{7-1} \\[4mm]
\dfrac{23.429}{7-1} & \dfrac{283.429}{7-1}
\end{bmatrix}
$$

手順 **3**   手順1で求めた2つの平方和積和行列をたし算して，
プールされたグループ内平方和積和行列を計算する．

プールされたグループ内平方和積和行列

$$\begin{bmatrix} w_{11}^{(A)} + w_{11}^{(B)} & w_{12}^{(A)} + w_{12}^{(B)} \\ w_{12}^{(A)} + w_{12}^{(B)} & w_{22}^{(A)} + w_{22}^{(B)} \end{bmatrix}$$

$$= \begin{bmatrix} w_{11} & w_{12} \\ w_{12} & w_{22} \end{bmatrix}$$

プールされたグループ内分散共分散行列

$$\begin{bmatrix} s_{11} & s_{12} \\ s_{12} & s_{22} \end{bmatrix} = \begin{bmatrix} \dfrac{w_{11}}{N_A + N_B - 2} & \dfrac{w_{12}}{N_A + N_B - 2} \\ \dfrac{w_{12}}{N_A + N_B - 2} & \dfrac{w_{22}}{N_A + N_B - 2} \end{bmatrix}$$

手順 **4**   全グループの平方和積和行列を計算する．

全グループの平方和積和行列

$$\begin{bmatrix} \Sigma x_{1i}^{(A)2} + \Sigma x_{1i}^{(B)2} - \dfrac{(\Sigma x_{1i}^{(A)} + \Sigma x_{1i}^{(B)})^2}{N_A + N_B} & \Sigma x_{1i}^{(A)} \times x_{2i}^{(A)} + \Sigma x_{1i}^{(B)} \times x_{2i}^{(B)} - \dfrac{(\Sigma x_{1i}^{(A)} + \Sigma x_{1i}^{(B)}) \times (\Sigma x_{2i}^{(A)} + \Sigma x_{2i}^{(B)})}{N_A + N_B} \\ \Sigma x_{1i}^{(A)} \times x_{2i}^{(A)} + \Sigma x_{1i}^{(B)} \times x_{2i}^{(B)} - \dfrac{(\Sigma x_{1i}^{(A)} + \Sigma x_{1i}^{(B)}) \times (\Sigma x_{2i}^{(A)} + \Sigma x_{2i}^{(B)})}{N_A + N_B} & \Sigma x_{2i}^{(A)2} + \Sigma x_{2i}^{(B)2} - \dfrac{(\Sigma x_{2i}^{(A)} + \Sigma x_{2i}^{(B)})^2}{N_A + N_B} \end{bmatrix}$$

$$= \begin{bmatrix} t_{11} & t_{12} \\ t_{12} & t_{22} \end{bmatrix}$$

全グループの分散共分散行列

$$\begin{bmatrix} \dfrac{t_{11}}{N_A + N_B - 1} & \dfrac{t_{12}}{N_A + N_B - 1} \\ \dfrac{t_{12}}{N_A + N_B - 1} & \dfrac{t_{22}}{N_A + N_B - 1} \end{bmatrix}$$

手順 3　手順 1 で求めた 2 つの平方和積和行列をたし算して…

プールされたグループ内平方和積和行列

$$= \begin{bmatrix} \boxed{79.333} + \boxed{103.429} & \boxed{52.333} + \boxed{23.429} \\ \boxed{52.333} + \boxed{23.429} & \boxed{162.833} + \boxed{283.429} \end{bmatrix}$$

$$= \begin{bmatrix} \boxed{182.762} & \boxed{75.762} \\ \boxed{75.762} & \boxed{446.262} \end{bmatrix}$$

プールされたグループ内分散共分散行列

$$\begin{bmatrix} s_{11} & s_{12} \\ s_{12} & s_{22} \end{bmatrix} = \begin{bmatrix} \dfrac{182.726}{6+7-2} & \dfrac{75.762}{6+7-2} \\ \dfrac{75.762}{6+7-2} & \dfrac{446.262}{6+7-2} \end{bmatrix}$$

手順 4　全グループの平方和積和行列を計算すると…

全グループの平方和積和行列

$$\begin{bmatrix} \boxed{2560} + \boxed{1739} - \dfrac{(\boxed{122}+\boxed{107})^2}{\boxed{6}+\boxed{7}} & \boxed{3570} + \boxed{2087} - \dfrac{(\boxed{122}+\boxed{107}) \times (\boxed{173}+\boxed{135})}{\boxed{6}+\boxed{7}} \\ \boxed{3570} + \boxed{2087} - \dfrac{(\boxed{122}+\boxed{107}) \times (\boxed{173}+\boxed{135})}{\boxed{6}+\boxed{7}} & \boxed{5151} + \boxed{2887} - \dfrac{(\boxed{173}+\boxed{135})^2}{\boxed{6}+\boxed{7}} \end{bmatrix}$$

$$= \begin{bmatrix} \boxed{265.077} & \boxed{231.462} \\ \boxed{231.462} & \boxed{740.769} \end{bmatrix}$$

全グループの分散共分散行列

$$\begin{bmatrix} \dfrac{265.077}{6+7-1} & \dfrac{231.462}{6+7-1} \\ \dfrac{231.462}{6+7-1} & \dfrac{740.769}{6+7-1} \end{bmatrix}$$

演習 判別分析 —その4—

■平方和積和行列を求めよう

「オクスブリッジ運河殺人事件」

― モウス主任警部の疑問 ―

　はじめに，いろいろな合計，平方和，積和を求めておこう!!

手順 **1** 　データから，次の統計量を計算しよう．

グループA
オクス川のデータと統計量

No	溶存酸素量 x_1	酸素要求量 x_2	データの2乗 x_1^2	データの2乗 x_2^2	データの積 $x_1 \times x_2$
1	6.5	3.5			
2	7.5	4.5			
3	8.6	4.7			
4	7.9	3.9			
5	8.2	5.6			
6	7.5	5.2			
7	5.9	4.9			
合計					

グループB
ケンブ川のデータと統計量

No	溶存酸素量 x_1	酸素要求量 x_2	データの2乗 x_1^2	データの2乗 x_2^2	データの積 $x_1 \times x_2$
1	3.9	6.2			
2	4.9	4.5			
3	5.1	6.1			
4	2.9	5.8			
5	2.5	4.6			
6	5.2	6.7			
7	3.6	4.8			
合計					

手順 **2** グループ A とグループ B の平方和積和行列を求めよう.

グループ A の平方和積和行列

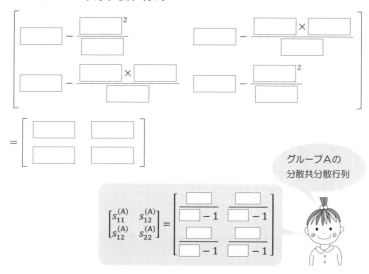

グループAの
分散共分散行列

グループ B の平方和積和行列

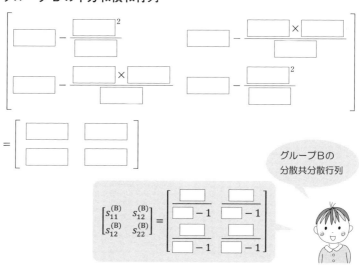

グループBの
分散共分散行列

手順 3 プールされたグループ内平方和積和行列を求めよう.

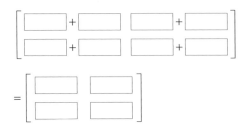

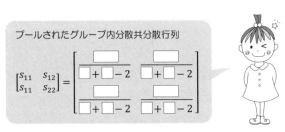

プールされたグループ内分散共分散行列

$$
\begin{bmatrix} s_{11} & s_{12} \\ s_{11} & s_{22} \end{bmatrix} = \begin{bmatrix} \dfrac{\boxed{}}{\boxed{}+\boxed{}-2} & \dfrac{\boxed{}}{\boxed{}+\boxed{}-2} \\ \dfrac{\boxed{}}{\boxed{}+\boxed{}-2} & \dfrac{\boxed{}}{\boxed{}+\boxed{}-2} \end{bmatrix}
$$

手順 4 全グループの平方和積和行列を求めよう.

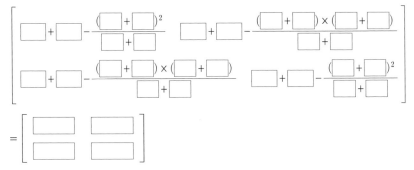

全グループの分散共分散行列

$$
\begin{bmatrix} \dfrac{\boxed{}}{\boxed{}+\boxed{}-1} & \dfrac{\boxed{}}{\boxed{}+\boxed{}-1} \\ \dfrac{\boxed{}}{\boxed{}+\boxed{}-1} & \dfrac{\boxed{}}{\boxed{}+\boxed{}-1} \end{bmatrix}
$$

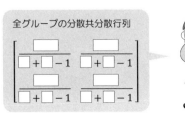

ロジスティック回帰分析を
利用しても
次のように判別分析を
することができます

Variables in the Equation

		B	S.E.	Wald	df	Sig.	Exp（B）
Step 1[a]	体重	−.245	.199	1.508	1	.219	.783
	体脂肪率	−.217	.143	2.306	1	.129	.805
	Constant	9.817	5.537	3.143	1	.076	18343.937

a. Variable(s) entered on step 1：体重，体脂肪率.

イヌ	体重	体脂肪率	PRE_1	PGR_1
1	19	32	.146	1
1	25	24	.182	1
1	22	34	.051	1
1	17	27	.452	1
1	24	35	.026	1
1	15	21	.831	2
2	13	31	.480	1
2	16	14	.946	2
2	18	26	.445	1
2	14	19	.907	2
2	23	18	.571	2
2	11	12	.989	2
2	12	15	.974	2

第7章

すぐわかる因子分析
心の奥をのぞいてみると?!

7.1 因子分析でわかること

              "因子分析をすると，何がわかるのだろうか"

これを知ることが

            "因子分析を理解するための第一歩"

となります．

    因子分析をすると…

    その1. いくつかの要因の共通な部分を抽出してくれます

       例えば，
- 最近，イライラすることが多い
- どうも仕事に集中できない
- すぐに疲れてしまう

３つの要因

といったとき，それらの要因の背後に潜む
        "もっとスリムになりたい"
といった 共通の要因 を探り出してくれます．

スリムになりたい
  のでイライラ

スリムになりたい
  ので仕事に集中できない

スリムになりたい
  ので疲れてしまう

その2. 共通要因を2つ抽出した場合，

　　　　　●共通要因その1…第1因子

　　　　　●共通要因その2…第2因子

それぞれの因子得点を散布図に描くと

　"調査回答者を4つのグループに分類する"

ことができます．

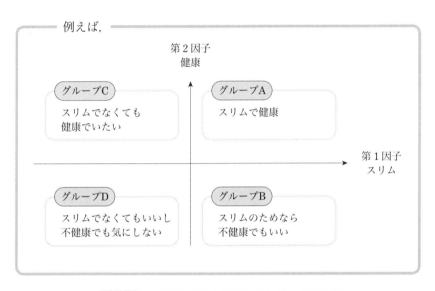

図 7.1.1 因子得点による散布図とデータの分類

そこで，因子分析の理論はさておき

　　　"まずは，データを分析してみよう*!!*"

　次のようなアンケート調査票を作成し，

15 人の調査対象者に，5 つの質問項目をたずねました．

表 7.1.1　アンケート調査票

項目 1.　　**あなたは最近疲れやすいですか？**

　　　1. ほとんど　　2. あまり　　　3. すこし　　　4. とても
　　　　疲れない　　　疲れない　　　疲れやすい　　　疲れやすい

項目 2.　　**あなたはサプリメントを飲んでいますか？**

　　　1. ほとんど　　2. あまり　　　3. すこし　　　4. よく
　　　　飲まない　　　飲まない　　　飲む　　　　　　飲む

項目 3.　　**あなたは仕事に集中できますか？**

　　　1. ほとんど　　2. あまり　　　3. すこし　　　4. よく
　　　　できない　　　できない　　　できる　　　　　できる

項目 4.　　**あなたは運動をしていますか？**

　　　1. ほとんど　　2. あまり　　　3. すこし　　　4. よく
　　　　しない　　　　しない　　　　する　　　　　　する

項目 5.　　**あなたは最近イライラしますか？**

　　　1. ほとんど　　2. あまり　　　3. すこし　　　4. よく
　　　　しない　　　　しない　　　　する　　　　　　する

ご協力　ありがとうございました

アンケート調査の結果，15 人の調査対象者の回答は
次のようなデータになりました．

表 7.1.2　アンケート調査の結果

調査回答者	項目1	項目2	項目3	項目4	項目5
A	1	3	3	4	1
B	4	1	2	2	4
C	1	1	4	3	1
D	2	2	2	2	4
E	3	1	4	1	1
F	1	3	4	4	1
G	4	4	1	3	3
H	1	1	2	2	1
I	4	4	2	4	4
J	2	2	1	2	3
K	3	4	3	3	4
L	1	3	3	1	1
M	4	4	1	2	4
N	3	1	4	1	3
O	2	2	2	3	4

このデータを，因子分析用ソフトに入力すると
次のような出力がパソコンの画面に現れます．

このデータを使って
共通要因を探り出してくれるという因子分析
をしてみよう

←因子の抽出

7.2 コンピュータの出力を読む

【因子分析の出力 ―その1―】 （最尤法による因子分析）

KMO and Bartlett's Test

Kaiser-Meyer-Olkin Measure of Sampling Adequacy.		.572	←①
Bartlett's Test of Sphericity	Approx. Chi-Square	19.616	
	df	10	
	Sig.	.033	←②

分散共分散行列

球面……$\begin{bmatrix} 分散 & 共分散 \\ 共分散 & 分散 \end{bmatrix} = \begin{bmatrix} \sigma^2 & 0 \\ 0 & \sigma^2 \end{bmatrix}$

因子分析には
- ●主因子法
- ●最尤法

など，いくつかの手法が
あります

df … degree of freedom

Sig … significant

① Kaiser-Meyer-Olkin のサンプリング妥当性の測度

Kaiser-Meyer-Olkin のサンプリング妥当性の測度	0.572

● KMO が 0.5 より大きいときは.

　　　"それらの変数を用いて因子分析をすることに妥当性がある"
ことを示しています.

② Bartlett の球面性の検定

Bartlett の球面性の検定	漸近カイ 2 乗	19.616
	自由度	10
	有意確率	0.033

●次の仮説の検定をしています.

　　　仮説 H_0：球面性を仮定する

　　　有意確率 0.033　$\leqq$　有意水準 0.05 なので

　　　仮説 H_0 は棄却される.

　つまり,

　　　"球面を仮定しない"
ということは,

　　　"共分散が 0 でない"
ということなので,

　　　"5 つの変数間に共通部分がある"
ということ.

　つまり,

　　　"共通要因を抽出することに意味がある"
ということになります.

【因子分析の出力 ―その2―】 （最尤法による因子分析）

Communalities [a]

	Initial	Extraction	
項目 1	.559	.565	
項目 2	.426	.999	
項目 3	.387	.397	←③
項目 4	.337	.274	
項目 5	.612	.905	

Extraction Method: Maximum
Likelihood.

Total Variance Explained

	Initial Eigenvalues		Extraction Sums of Squared Loadings		
Factor	Total	% of Variance	Total	% of Varianc	
1	2.402	48.042	1.573	31.466	
2	1.363	27.253	1.566	31.329	
3	.580	11.605			←④
4	.435	8.706			
5	.220	4.394			

Total Variance Explained

	Extraction Sums of Squared Loadings	Rotation Sums of Squared Loadings [a]
Factor	Cumulative %	Total
1	31.466	2.028
2	62.795	1.456
3		
4		
5		

2.402＋1.363＋0.580
＋0.435＋0.220

＝1+1+1+1+1＝5

因子の情報量の合計
＝変数の情報量の合計

③ 共通性

	抽出
項目1	0.565
項目2	0.999

回転する前
p.215

● 共通性は，その変数が因子の中でもっている情報量です．

	共通性		第1因子負荷		第2因子負荷
項目1	0.565	=	$(0.308)^2$	+	$(0.686)^2$
項目2	0.999	=	$(0.999)^2$	+	$(-0.004)^2$

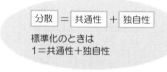

分散 ＝ 共通性 ＋ 独自性

標準化のときは
1＝共通性＋独自性

● 共通性が0に近い変数は，情報量が少ないので
因子分析から取り除いたほうがよさそうです．

④ 分散についての情報

分散や固有値は，その変数やその因子がもっている情報量のことです．

	初期の情報量		因子抽出後の情報量	回転後の情報量
	合計		合計	合計
第1因子	2.402	⎫ たくさん情報	1.573	2.028
第2因子	1.363	⎬ をもっている	1.566	1.456
第3因子	0.580	⎫ あまり情報を		
第4因子	0.435	⎬ もっていない		

【因子分析の出力 ―その３―】（最尤法による因子分析）

Factor Matrix [a]

	Factor	
	1	2
項目 1	.308	.686
項目 2	.999	−.004
項目 3	−.370	−.510
項目 4	.499	−.159
項目 5	.306	.900

← ⑤

Extraction Method: Maximum
Likelihood.

Goodness-of-fit Test

Chi-Square	df	Sig.
1.038	1	.308

← ⑥

Pattern Matrix [a]

	Factor	
	1	2
項目 1	.758	−.018
項目 2	.102	.960
項目 3	−.578	−.122
項目 4	−.116	.551
項目 5	.984	−.117

← ⑦

Extraction Method: Maximum
Likelihood.
Rotation Method: Promax with Kaiser
Normalization.

⑤ **因子を回転する前の因子負荷行列**

	因子	
	1	2
項目1	0.308	0.686
項目2	0.999	− 0.004

⑥ **適合度検定**

カイ2乗	自由度	有意確率
1.038	1	0.308

●次の仮説の検定をしています.

　　　仮説 H_0：モデルに適合しています

　　　有意確率 0.308　＞　有意水準 0.05 なので

　　　仮説 H_0 は棄却されない.

したがって,

モデルに適合しているとして,分析を進めてゆきます.

⑦ **因子をプロマックス回転した後の因子負荷行列**

	因子	
	1	2
項目1	0.758	
項目2		0.960
項目3	− 0.578	
項目4		0.551
項目5	0.984	

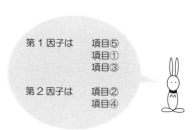

第1因子は　　項目⑤
　　　　　　　項目①
　　　　　　　項目③

第2因子は　　項目②
　　　　　　　項目④

因子負荷の絶対値の大きい変数に注目して,因子に名前をつけます.

【因子分析の出力 ―その4―】 （最尤法による因子分析）

Factor Matrix [a]

調査回答者	項目1	項目2	項目3	項目4	項目5	FAC1_1	FAC2_1	
A	1	3	3	4	1	−1.014	.611	
B	4	1	2	2	4	.823	−1.259	
C	1	1	4	3	1	−1.278	−1.036	
D	2	2	2	2	4	.725	−.412	
E	3	1	4	1	1	−1.037	−1.063	
F	1	3	4	4	1	−1.075	.617	
G	4	4	1	3	3	.647	1.271	
H	1	1	2	2	1	−1.138	−1.051	←⑧
I	4	4	2	4	4	1.119	1.222	
J	2	2	1	2	3	.237	−.360	
K	3	4	3	3	4	.970	1.236	
L	1	3	3	1	1	−.964	.603	
M	4	4	1	2	4	1.214	1.211	
N	3	1	4	1	3	.063	−1.180	
O	2	2	2	3	4	.708	−.409	

Extraction Method: Maximum Likelihood.

因子得点の定義はいろいろあります

Bartlett 法
による因子得点

FAC1	FAC2
−1.135	0.624
0.953	−1.274
−1.357	−1.029
0.810	−0.422
1.0	058
1.012	1.2
−1.080	0.616
1.280	1.205
0.117	−1.187
0.792	−0.419

Anderson-Rubin 法
による因子得点

FAC1	FAC2
−1.352	0.636
1.378	−1.266
−1.043	−1.018
0.958	−0.430
764	
0.0	1.220
−1.294	0.627
0.907	1.195
0.503	−1.190
0.939	−0.427

⑧ 因子得点（最尤法）

因子得点による散布図は，次のようになります．

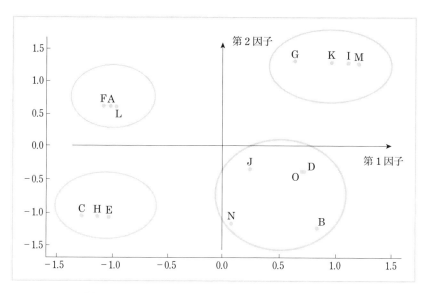

図 7.2.1 因子得点による散布図と調査回答者の分類

散布図を描くと
調査回答者の位置関係が
よくわかるね

7.3 共通要因の存在の調べ方

因子分析は，次の図のように，変数と変数の共通部分を調べています．

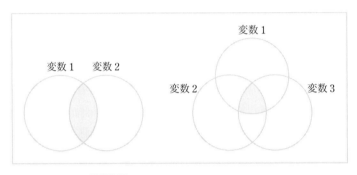

図7.3.1 変数の共通部分のイメージ

したがって，変数間に共通部分が存在しなければ
因子分析をする意味がありません．

この共通部分を**共通要因**ともいいます．

調べ方 その1.【相関行列】

共通要因の存在を調べる簡単な方法は，
次のような相関係数です．

表7.3.1 相関行列

	項目1	項目2	項目3	項目4	項目5
項目1	1.000				
項目2	0.306	1.000			
項目3	−0.419	−0.368	1.000		
項目4	−0.098	0.499	−0.044	1.000	
項目5	0.713	0.303	−0.579	0.038	1.000

相関係数が0に近いと，変数間に共通要因が存在しないかもしれません．

調べ方　その２．【KMO の妥当性の測度】

KMO は，因子分析をすることへの妥当性を調べる統計量です．

KMO　≧　0.5 のとき，妥当性がある

と判定します．

調べ方　その３．【Bartlett の球面性の検定】

Bartlett の球面性の検定の仮説は

仮説 H_0：球面性を仮定する

または

仮説 H_0：分散共分散行列は単位行列の定数倍である

となります．

したがって，この仮説が棄却されないときは
変数間にあまり相関がないということなので，
因子分析をする意味がなくなります．

単位行列
$$= \begin{bmatrix} 1 & 0 & 0 \\ 0 & 1 & 0 \\ 0 & 0 & 1 \end{bmatrix}$$

球面性のイメージ　　　分散共分散行列　　　相関と共分散

$$\begin{bmatrix} s^2 & 0 & 0 \\ 0 & s^2 & 0 \\ 0 & 0 & s^2 \end{bmatrix}$$

$$相関係数 = \frac{共分散}{\sqrt{分散} \times \sqrt{分散}} = 0$$

調べ方　その４．【共通性】

分散　＝　共通性　＋　独自性

共通性が小さいと独自性が大きくなるので，
その変数を使った因子分析はうまくゆかないことがあります．

データの標準化をした場合，分散＝1 となるので

1　＝　共通性　＋　独自性

となります．

7.4 因子負荷の読み取り方

因子分析で最も大切な統計量が因子負荷です.
因子負荷は, 次のように出力されます.

プロマックス回転後の因子負荷

	Factor	
	1	2
項目 1	.758	−.018
項目 2	.102	.960
項目 3	−.578	−.122
項目 4	−.116	.551
項目 5	.984	−.177

Extraction Method: Maximum
Likelihood.
Rotation Method: Promax with
Kaiser Normalization.

最尤法による
因子分析

この出力結果を見ると, 因子負荷の大きいところは
次のようになります.

プロマックス回転後の因子負荷

	Factor	
	1	2
項目 1	.758	
項目 2		.960
項目 3	−.578	
項目 4		.551
項目 5	.984	

Extraction Method: Maximum
Likelihood.
Rotation Method: Promax with
Kaiser Normalization.

そこで，因子負荷の絶対値の大きさや
因子負荷のプラス・マイナスに注目して，

- 第1因子 … **スリムになりたい**という気持ち

- 第2因子 … **健康になりたい**という気持ち

のように，因子に名前をつけます．

名前の付け方は
研究者に
まかされています

Rotated Factor Matrix [a]

	Factor	
	1	2
項目1	.776	− .004
項目2	.340	.796
項目3	− .597	− .177
項目4	− .066	.653
項目5	.907	.061

Extraction Method: Principal Axis
Factoring.
Rotation Method: Varimax with Kaiser
Normalization.

a. Rotation converged in 3 iterations.

主因子法による因子分析は
このようになります

7.5　因子得点による分類

因子得点を使って，散布図を描いてみよう*!!*

第1因子を横軸に，第2因子を縦軸にとり，
散布図を描くと，調査回答者の位置関係は
次のようになります．

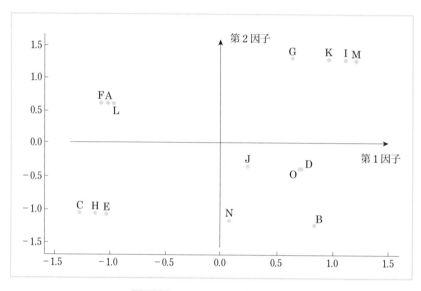

図7.5.1　因子得点による散布図

第1因子だけを取り上げれば
スリムになりたい人の
ランキングができます

そこで，次のように散布図を4つの部分に分けると，調査回答者を4つのグループに分類することができます．

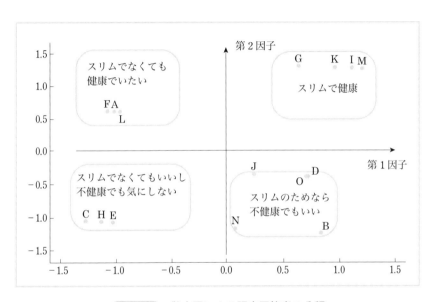

図7.5.2　散布図による調査回答者の分類

参考文献［1］の第12章に
因子分析法を応用するときの注意事項がのっています！

例えば
　　"最尤法などでは，変量の母集団分布が
　　多変量ガウス分布をするという仮定"

7.6 因子の回転と変数の並べ替え

ところで，因子を抽出したとき，
因子負荷が，次のようになっていると…

回転前の因子負荷

	因子	
	1	2
項目 1	.308	.686
項目 2	.999	−.004
項目 3	−.370	−.510
項目 4	.449	−.159
項目 5	.306	−.900

Extraction Method: Maximum
Likelihood.

最尤法による
因子分析

因子の読み取りがうまくできません．

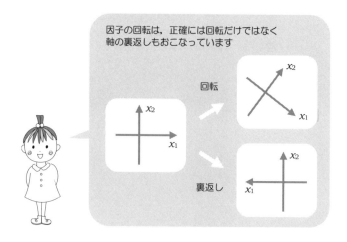

そこで，因子の回転をおこない，因子負荷の大きさの順に
変数を並べ替えて，因子を読み取りやすくします．

プロマックス回転後の因子負荷

変数の順が
変わりました

	因子	
	1	2
項目 5	.984	−.117
項目 1	.758	−.018
項目 3	−.578	−.122
項目 2	.102	.960
項目 4	−.116	.551

Extraction Method: Maximum
Likelihood.
Rotation Method: Promax with
Kaiser Normalization.

最尤法の場合は，プロマックス回転を利用します．
プロマックス回転は斜交回転です．

【主因子法による因子分析】
主因子法により抽出された因子は
互いに直交しているので
バリマックス回転を利用します

バリマックス回転は
直交回転です

第 8 章

すぐわかるロジスティック回帰分析
脳卒中になるリスクは?!

8.1 ロジスティック回帰分析でわかること

"ロジスティック回帰分析をすると，何がわかるのだろうか？"

これを知ることが

"ロジスティック回帰分析を理解するための第一歩"

となります．

ロジスティック回帰分析をすると…

その1. ある出来事がある条件のもとで起こる確率を予測できます．

―― 例えば，―――――――――――――――――――
毎日，お酒を 1 ℓ 飲み，タバコを 3 箱喫うと

"将来，脳卒中になる確率は 80 ％である"

のように予測できます．

この予測確率 p を求めてくれる式

$$\log \frac{p}{1-p} = b_1 \times \text{お酒} + b_2 \times \text{タバコ} + b_0$$

を**ロジスティック回帰式**といいます．

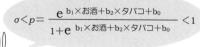

$$\sigma < p = \frac{e^{\,b_1 \times \text{お酒} + b_2 \times \text{タバコ} + b_0}}{1 + e^{\,b_1 \times \text{お酒} + b_2 \times \text{タバコ} + b_0}} < 1$$

$0 \leq \text{確率} \leq 1$

その2. ある出来事が起こるとき，その要因となるものは何か
教えてくれます．

═══ 例えば，

お酒を飲み，タバコを喫う人が脳卒中になるとき，

その引き金となる要因は，

お酒 なのか，それとも，タバコ なのか

を調べることができます．

ロジスティック回帰式

$$\log \frac{p}{1-p} = b_1 \times x_1 + b_2 \times x_2 + b_0$$

の変数 x_1, x_2 を**共変量**といいます．

共変量のロジスティック回帰係数 b_1, b_2 に注目して，
"どの共変量の影響が大きいか？"
調べることができます．

$$\frac{P}{1-P} = \frac{\text{出来事 A が起こる確率}}{\text{出来事 A が起こらない確率}} \quad \cdots\text{オッズ}$$

$$\frac{\dfrac{P}{1-P}}{\dfrac{q}{1-q}} = \frac{\dfrac{\text{出来事 A が起こる確率}}{\text{出来事 A が起こらない確率}}}{\dfrac{\text{出来事 B が起こる確率}}{\text{出来事 B が起こらない確率}}} \quad \cdots\text{オッズ比}$$

そこで

ロジスティック回帰分析の数学的理論はさておき

　　"まずは，データを分析してみよう!!"

　次のデータは，20人の被験者の，［脳卒中の有無］，［飲酒量］，［喫煙］について調査した結果です．

　このデータを，ロジスティック回帰分析用ソフトに入力すると次のような出力が，パソコンの画面に現れます．

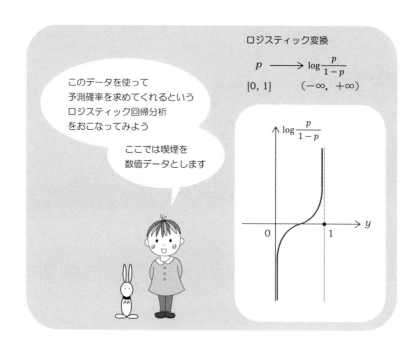

ロジスティック変換

$$p \longrightarrow \log\frac{p}{1-p}$$

$[0, 1]$　　$(-\infty, +\infty)$

このデータを使って
予測確率を求めてくれるという
ロジスティック回帰分析
をおこなってみよう

ここでは喫煙を
数値データとします

表 8.1.1　脳卒中と飲酒量と喫煙

被験者	脳卒中	飲酒量	喫煙
1	1	1.3	2
2	0	0.9	0
3	1	0.7	3
4	0	0.8	0
5	1	1.7	3
6	0	1.6	3
7	0	1.0	0
8	1	1.8	3
9	0	0.7	1
10	0	0.8	1
11	1	1.3	1
12	0	1.1	0
13	1	1.0	3
14	0	1.5	0
15	0	1.6	3
16	1	1.7	2
17	0	0.9	0
18	1	1.0	2
19	1	1.9	2
20	0	1.5	1

脳卒中 $\begin{cases} 0 \cdots\cdots なし \\ 1 \cdots\cdots あり \end{cases}$

お酒は百薬の長
というけれど？

喫煙 $\begin{cases} 0 \cdots\cdots すわない \\ 1 \cdots\cdots 少しすう \\ 2 \cdots\cdots すう \\ 3 \cdots\cdots よくすう \end{cases}$

喫煙は
脳卒中の元ですね

8.2 コンピュータの出力を読む

【ロジスティック回帰分析の出力 ―その１―】

Model Summary

Step	-2 Log likelihood	Cox & Snell R Square	Nagelkerke R Square
1	18.617 [a]	.359	.481

←①

a. Estimation terminated at iteration number 5 because parameter estimates changed by less than .001.

Hosmer and Lemeshow Test

Step	chi-square	df	Sig.
1	9.814	7	.199

←②

ロジスティック回帰モデル式

$$\log \frac{P}{1-P} = \beta_1 \times x_1 + \beta_2 \times x_2 + \beta_0$$

$\dfrac{p}{1-p}$ はオッズ

$\log \dfrac{p}{1-p}$ は対数オッズ

① モデルの要約

ステップ	−2 対数尤度	Cox と Snell の 決定係数	Nagelkerke の 決定係数
1	18.617	0.359	0.481

● −2 対数尤度の小さいモデルが良いモデルです.

● 決定係数 R^2 は,当てはまりの良さを示す統計量で

　　　　"R^2 が 1 に近いほど当てはまりが良い"

となります.

② Hosmer と Lemeshow の検定

ステップ	カイ2乗	自由度	有意確率
1	9.814	7	0.199

● 次の仮説の検定をしています.

　　　　仮説 H_0：モデルは適合している

　　　　有意確率 0.199　＞　有意水準 0.05 なので

　　　　仮説 H_0 は棄却されない.

したがって,モデルは適合しているとして,

分析を進めてゆきます.

【ロジスティック回帰分析の出力 ―その２―】

Variables in the Equation

		B	S.E.	Wald	df	Sig.	
Step 1ᵃ	飲酒量	.395	1.578	.063	1	.803	
	喫煙	1.307	.600	4.746	1	.029	←③
	Constant	−2.788	2.005	1.933	1	.164	

Variables in the Equation

			95% C.I.for EXP（B）	
		Exp（B）	Lower	Upper
Step 1ᵃ	飲酒量	1.484	.067	32.670
	喫煙	3.695	1.140	11.973
	Constant	.062		

a. Variable（s）entered on step 1：飲酒量，喫煙

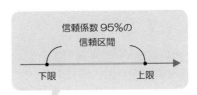

信頼係数95%の
信頼区間

下限　　　　　　　　上限

df … degree of freedom

Sig … significant

Exp … exponent

C.l. … confidence interval

③ ロジスティック回帰係数と Wald 統計量

	係数	標準誤差	Wald	自由度	有意確率	Exp(B)
飲酒量	0.395	1.578	0.063	1	0.803	1.484
喫　煙	1.307	0.600	4.746	1	0.029	3.695
定数項	− 2.788	2.005	1.933	1	0.164	0.062

◎ロジスティック回帰式

$$\log \frac{p}{1-p} = 0.395 \times 飲酒量 + 1.307 \times 喫煙 - 2.788$$

◎ Wald

$$飲酒量 \cdots 0.063 = \left(\frac{0.395}{1.578} \right)^2$$

$$喫煙 \cdots 4.746 = \left(\frac{1.307}{0.600} \right)^2$$

喫煙は
数値データと
しています

◎ Sig

次の仮説の検定をしています.

仮説 H_0＝飲酒量は脳卒中に影響を与えない
有意確率 0.803 ＞ 有意水準 0.05 なので
仮説 H_0 は棄却されない

仮説 H_0＝喫煙は脳卒中に影響を与えない
有意確率 0.029 ≦ 有意水準 0.05 なので
仮説 H_0 は棄却される.

◎ Exp(B)

$$1.484 = e^{0.395}$$
$$3.695 = e^{1.307}$$

【ロジスティック回帰分析の出力 ―その3―】

Classification Table [a]

		Predicted		
		脳卒中		Percentage Correct
Observed		0	1	
Step 1 脳卒中 0		9	2	81.8
喫煙 1		1	8	88.9
Overall Percentage				85.0

←④

a. The cut value is .500

脳卒中	飲酒量	喫煙	PRE_1
1	1.3	2	.58393
0	0.9	0	.08071
1	0.7	3	.80362
0	0.8	0	.07784
1	1.7	3	.85859
0	1.6	3	.85373
0	1.0	0	.08369
1	1.8	3	.86331
0	0.7	1	.23064
0	0.8	1	.23772
1	1.3	1	.27529
0	1.1	0	.08677
1	1.0	3	.82163
0	1.5	0	.10011
0	1.6	3	.85373
1	1.7	2	.62169
0	0.9	0	.08071
1	1.0	2	.55492
1	1.9	2	.64006
0	1.5	1	.29130

←⑤

④ 分割表

			予測される		
			脳卒中		正答率
	観測		0	1	
ステップ	脳卒中	0	9	2	81.8%
1		1	1	8	88.9%
	全部				85.0%

⑤ 予測確率

被験者	脳卒中	飲酒量	喫煙	予測確率
1	1	1.3	2	0.58393
2	0	0.9	0	0.08071
3	1	0.7	3	0.80362
4	0	0.8	0	0.07784
5	1	1.7	3	0.85859

● $\log \dfrac{p}{1-p} = 0.395 \times 1.3 + 1.307 \times 2 - 2.788$

⇒ 予測確率 $p = 0.58393$

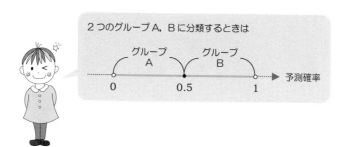

2つのグループ A, B に分類するときは

グループ A　　グループ B

0　　　　0.5　　　　1　→ 予測確率

8.3 ロジスティック回帰式とオッズ比

　共変量を $x_1, x_2, \cdots, x_p$ としたとき
ロジスティック回帰式は

$$\log \frac{p}{1-p} = b_1 \times x_1 + b_2 \times x_2 + \cdots + b_p \times x_p + b_0$$

となります.

　コンピュータの出力結果を見ると
　　　$b_1 = 0.395, \quad b_2 = 1.307, \quad b_0 = -2.788$
となっているので,

$$\log \frac{p}{1-p} = 0.395 \times x_1 + 1.307 \times x_2 - 2.788$$

が求めるロジスティック回帰式です.

p.233
を見てね！

　このロジスティック回帰係数 b_1, b_2 はどのようにして
求めているのでしょうか？

重回帰分析の
$b_1,\ b_2$ は
　…最小2乗法で求めます

ロジスティック回帰分析の
$b_1,\ b_2$ は
　…最尤法で求めます

■最尤法による b_1, b_2 の求め方

共変量 x_1, x_2 がある条件のもとで
脳卒中が起こる確率を p とします.

m 人の被験者のうち，d 人が脳卒中になる確率は
2項分布

$$B(m, p) = \binom{m}{d} \times p^d \times (1-p)^{m-d}$$

で表現することができます.

ロジスティック回帰式を

$$p = \frac{e^{b_1 \times x_1 + b_2 \times x_2 + b_0}}{1 + e^{b_1 \times x_1 + b_2 \times x_2 + b_0}}$$

と変形して，2項分布に代入すると

$$B(m, p) = \binom{m}{d} \times \left(\frac{e^{b_1 \times x_1 + b_2 \times x_2 + b_0}}{1 + e^{b_1 \times x_1 + b_2 \times x_2 + b_0}} \right)^d \times \left(1 - \frac{e^{b_1 \times x_1 + b_2 \times x_2 + b_0}}{1 + e^{b_1 \times x_1 + b_2 \times x_2 + b_0}} \right)^{m-d}$$

となります.

そこで，この確率
—尤もらしさ—
が最大になる b_1, b_2 を求めます.

尤もらしさが最大になる
パラメータ b_1, b_2

つまり
最尤法
だね！

■オッズについて

ロジスティック回帰式の中の

$$\frac{p}{1-p}$$

を**オッズ**といいます.

オッズは何を表しているのでしょうか?

例えば,オッズが 2 のとき…

$$\frac{p}{1-p} = 2 \quad \Rightarrow \quad p = 2 \times (1-p) \quad \Rightarrow \quad \begin{cases} p = \dfrac{2}{3} \\ 1-p = \dfrac{1}{3} \end{cases}$$

つまり,オッズが 2 のときは,出来事 A が起こる確率は出来事 A が起こらない確率の 2倍 になります.

したがって,

> オッズは,
>
> 　　　　ある出来事が起こるリスクの大きさ
>
> を表している

と考えることができます.

オッズが 1 のときは

$$\frac{p}{1-p} = 1 \text{ だから}$$

$$p = 1 - p$$

$$p = \frac{1}{2}$$

つまり
出来事Aが
起こる確率と
出来事Aが
起こらない確率が
同じということ

■オッズ比について

● 条件 A のもとで起こる確率……p

● 条件 B のもとで起こる確率……q

としたとき，

条件 A のオッズと条件 B のオッズの比

$$\frac{\dfrac{p}{1-p}}{\dfrac{q}{1-q}}$$

odds

を**オッズ比**といいます．

例えば，オッズ比が 2 のときは

$$\frac{\dfrac{p}{1-p}}{\dfrac{q}{1-q}} = 2$$

$$\frac{p}{1-p} = 2 \times \frac{q}{1-q}$$

となるので，

"条件 A のもとでのリスクは，

条件 B のもとでのリスクの 2倍 である"

と意味付けすることができます．

オッズ比が 1 のとき

$$\frac{p}{1-p} = \frac{q}{1-q}$$

$$p \times (1-q) = q \times (1-p)$$

$$p = q$$

8.4 ロジスティック回帰係数の検定

表 8.1.1 のデータの共変量は飲酒量と喫煙です.

この 2 つの共変量のうち,
どちらが脳卒中に影響を
与えているのでしょうか?

それを調べる方法に**ロジスティック回帰係数の検定**があります.

仮説は, 次のようになります.

β_1, β_2は
モデル式の係数

仮説 H_0：飲酒量の係数 $\beta_1 = 0$

仮説 H_0：喫煙の係数　　$\beta_2 = 0$

このとき, ……

●飲酒量の検定統計量 Wald は, 次の図のようになります.

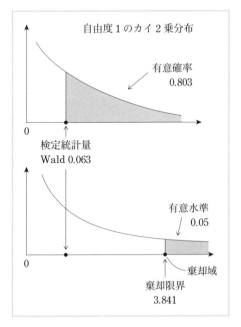

p.233
を見てね！

図 8.4.1　検定統計量と棄却域

●喫煙の検定統計量 Wald は，次の図のようになります．

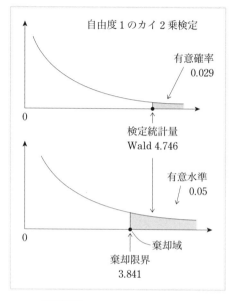

p.233
を見てね！

図 8.4.2　検定統計量と棄却域

●飲酒量について

　　検定統計量が棄却域に含まれていないので

　　仮説は棄却されません

　　　　　　　　　有意確率 0.803 ≦ 有意水準 0.05

●喫煙について

　　検定統計量が棄却域に含まれているので

　　仮説は棄却されます．

　　　　　　　　　有意確率 0.029 > 有意水準 0.05

したがって，

　　"脳卒中のリスク要因は喫煙である"

ことがわかります．

8.5 ロジスティック回帰係数の意味

ロジスティック回帰係数 b_1, b_2 は何を意味しているのか？
考えてみましょう.

$$\log \frac{p}{1-p} = 0.395 \times 飲酒量 + 1.307 \times 喫煙 - 2.788$$
$$\phantom{\log \frac{p}{1-p} = 0.395 \times 飲酒量}\uparrow\uparrow$$
$$\phantom{\log \frac{p}{1-p} = 0.395 \times 飲酒}b_1b_2$$

1. ロジスティック回帰式に

   飲酒量＝　4　，喫煙＝　3　を代入してみると

$$\log \frac{p_1}{1-p_1} = 0.395 \times \boxed{4} + 1.307 \times \boxed{3} - 2.788$$

2. ロジスティック回帰式に

   飲酒量＝　4　，喫煙＝　2　を代入してみると

$$\log \frac{p_2}{1-p_2} = 0.395 \times \boxed{4} + 1.307 \times \boxed{2} - 2.788$$

3. この2つの式を引き算すると

$$\log \frac{p_1}{1-p_1} - \log \frac{p_2}{1-p_2} = 1.307 \times (\boxed{3} - \boxed{2})$$

$\log A - \log B = \log \dfrac{A}{B}$　なので

$$\log \frac{\dfrac{p_1}{1-p_1}}{\dfrac{p_2}{1-p_2}} = 1.307 \times \boxed{1}$$

ここで，対数を指数に変換して，

$$\frac{\dfrac{p_1}{1-p_1}}{\dfrac{p_2}{1-p_2}} = \mathrm{Exp}\,(1.307)$$

分母を右辺に移項して

$$\frac{p_1}{1-p_1} = \mathrm{Exp}\,(1.307) \times \frac{p_2}{1-p_2}$$

つまり，ロジスティック回帰式の係数は，

　　　　"共変量の喫煙が1変化したときのリスクの変化量"

を示しています．

　つまり，

　　　　"喫煙を1段階上げると，

　　　　　　脳卒中になるリスクが $\mathrm{Exp}\,(1.307)$ 倍に増加する"

というわけです．

8.6 予測確率の計算

被験者 No.1 の予測確率は，0.58393 になっています.

この予測確率は，次のように計算しています.

予測確率は
p.234 だよ！

被験者 No.1 の共変量 $x_1 =$ 1.3 ，$x_2 =$ 2 を
ロジスティック回帰式に代入すると

$$\log \frac{p}{1-p} = 0.395 \times \boxed{1.3} + 1.307 \times \boxed{2} - 2.788$$

となります.

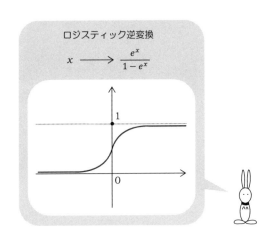

ロジスティック逆変換

$$x \longrightarrow \frac{e^x}{1 - e^x}$$

右辺を計算して

$$\log \frac{p}{1-p} = 0.340$$

対数を指数に変換して

$$\frac{p}{1-p} = e^{0.340}$$

分母を右辺に移項して

$$p = e^{0.340} \times (1-p)$$

p をまとめて

$$p \times (1 + e^{0.340}) = e^{0.340}$$

したがって,

$$p = \frac{e^{0.340}}{1 + e^{0.340}}$$
$$= 0.58393$$

有効数字のとり方で
計算結果が少し変わります

研究論文で

"効果サイズ"

が利用されるようになってきています.
　効果サイズとは,

"effect size"

のことです.
　この effect size は **"効果量"** とも訳され,

「研究論文や報告書の際に, 記入すべき統計量」

とされています.

　研究論文における統計処理といえば,

- 統計的推定 ⇒ 区間推定
- 統計的検定 ⇒ 仮説の検定

が中心的な話題になります.
　ところが, この統計的検定には,

「データ数を大きくすると, 有意確率が小さくなる」

という傾向があります.
　したがって,

「仮説を棄却するには, データ数を大きくすればよい」

ということになります.
　そこで, このような統計的検定の性質に対し,

「データ数にたよらない研究成果の評価基準」

として, 効果サイズが利用されるようになってきているのです.

検定のときは忘れずにね！

数 表

自由度 m の t 分布のパーセント点

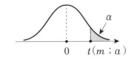

α m	0.1	0.05	0.025	0.01
1	3.078	6.314	12.706	31.821
2	1.886	2.920	4.303	6.965
3	1.638	2.353	3.182	4.541
4	1.533	2.132	2.776	3.747
5	1.476	2.015	2.571	3.365
6	1.440	1.943	2.447	3.143
7	1.415	1.895	2.365	2.998
8	1.397	1.860	2.306	2.896
9	1.383	1.833	2.262	2.821
10	1.372	1.812	2.228	2.764
11	1.363	1.796	2.201	2.718
12	1.356	1.782	2.179	2.681
13	1.350	1.771	2.160	2.650
14	1.345	1.761	2.145	2.624
15	1.341	1.753	2.131	2.602
16	1.337	1.746	2.120	2.583
17	1.333	1.740	2.110	2.567
18	1.330	1.734	2.101	2.552
19	1.328	1.729	2.093	2.539
20	1.325	1.725	2.086	2.528
21	1.323	1.721	2.080	2.518
22	1.321	1.717	2.074	2.508
23	1.319	1.714	2.069	2.500
24	1.318	1.711	2.064	2.492
25	1.316	1.708	2.060	2.485
26	1.315	1.706	2.056	2.479
27	1.314	1.703	2.052	2.473
28	1.313	1.701	2.048	2.467
29	1.311	1.699	2.045	2.462
30	1.310	1.697	2.042	2.457
40	1.303	1.684	2.021	2.423
60	1.296	1.671	2.000	2.390
120	1.289	1.658	1.980	2.358
∞	1.282	1.645	1.960	2.326

自由度 m のカイ2乗分布のパーセント点

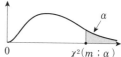

m \ α	0.975	0.950	0.050	0.025
1	982069×10^{-9}	393214×10^{-8}	3.84146	5.02389
2	0.0506356	0.102587	5.99146	7.37776
3	0.215795	0.351846	7.81473	9.34840
4	0.484419	0.710723	9.48773	11.1433
5	0.831212	1.145476	11.0705	12.8325
6	1.237344	1.63538	12.5916	14.4494
7	1.68987	2.16735	14.0671	16.0128
8	2.17973	2.73264	15.5073	17.5345
9	2.70039	3.32511	16.9190	19.0228
10	3.24697	3.94030	18.3070	20.4832
11	3.81575	4.57481	19.6751	21.9200
12	4.40379	5.22603	21.0261	23.3367
13	5.00875	5.89186	22.3620	24.7356
14	5.62873	6.57063	23.6848	26.1189
15	6.26214	7.26094	24.9958	27.4884
16	6.90766	7.96165	26.2962	28.8454
17	7.56419	8.67176	27.5871	30.1910
18	8.23075	9.39046	28.8693	31.5264
19	8.90652	10.1170	30.1435	32.8523
20	9.59078	10.8508	31.4104	34.1696
21	10.28290	11.5913	32.6706	35.4789
22	10.9823	12.3380	33.9244	36.7807
23	11.6886	13.0905	35.1725	38.0756
24	12.4012	13.8484	36.4150	39.3641
25	13.1197	14.6114	37.6525	40.6465
26	13.8439	15.3792	38.8851	41.9232
27	14.5734	16.1514	40.1133	43.1945
28	15.3079	16.9279	41.3371	44.4608
29	16.0471	17.7084	42.5570	45.7223
30	16.7908	18.4927	43.7730	46.9792
40	24.4330	26.5093	55.7585	59.3417
50	32.3574	34.7643	67.5048	71.4202
60	40.4817	43.1880	79.0819	83.2977
70	48.7576	51.7393	90.5312	95.0232
80	57.1532	60.3915	101.879	106.629
90	65.6466	69.1260	113.145	118.136
100	74.2219	77.9295	124.342	129.561

自由度 (m, n) の F 分布のパーセント点——$\alpha = 0.05$ のとき

$\alpha = 0.05$

n \ m	1	2	3	4	5	6
1	161.45	199.50	215.71	224.58	230.16	233.99
2	18.513	19.000	19.164	19.247	19.296	19.330
3	10.128	9.5521	9.2766	9.1172	9.0135	8.9406
4	7.7086	6.9443	6.5914	6.3882	6.2561	6.1631
5	6.6079	5.7861	5.4095	5.1922	5.0503	4.9503
6	5.9874	5.1433	4.7571	4.5337	4.3874	4.2839
7	5.5914	4.7374	4.3468	4.1203	3.9715	3.8660
8	5.3177	4.4590	4.0662	3.8379	3.6875	3.5806
9	5.1174	4.2565	3.8625	3.6331	3.4817	3.3738
10	4.9646	4.1028	3.7083	3.4780	3.3258	3.2172
11	4.8443	3.9823	3.5874	3.3567	3.2039	3.0946
12	4.7472	3.8853	3.4903	3.2592	3.1059	2.9961
13	4.6672	3.8056	3.4105	3.1791	3.0254	2.9153
14	4.6001	3.7389	3.3439	3.1122	2.9582	2.8477
15	4.5431	3.6823	3.2874	3.0556	2.9013	2.7905
16	4.4940	3.6337	3.2389	3.0069	2.8524	2.7413
17	4.4513	3.5915	3.1968	2.9647	2.7729	2.6987
18	4.4139	3.5546	3.1599	2.9277	2.7729	2.6613
19	4.3807	3.5219	3.1274	2.8951	2.7401	2.6283
20	4.3512	3.4928	3.0984	2.8661	2.7109	2.5990
21	4.3248	3.4668	3.0725	2.8401	2.6848	2.5727
22	4.3009	3.4434	3.0491	2.8167	2.6613	2.5491
23	4.2793	3.4221	3.0280	2.7955	2.6400	2.5277
24	4.2597	3.4028	3.0088	2.7763	2.6207	2.5082
25	4.2417	3.3852	2.9912	2.7587	2.6030	2.4904
26	4.2252	3.3690	2.9752	2.7426	2.5868	2.4741
27	4.2100	3.3541	2.9604	2.7278	2.5719	2.4591
28	4.1960	3.3404	2.9467	2.7141	2.5581	2.4453
29	4.1830	3.3277	2.9340	2.7014	2.5454	2.4324
30	4.1709	3.3158	2.9223	2.6896	2.5336	2.4205
40	4.0847	3.2317	2.8387	2.6060	2.4495	2.3359
60	4.0012	3.1504	2.7581	2.5252	2.3683	2.2541
120	3.9201	3.0718	2.6802	2.4472	2.2899	2.1750
∞	3.8415	2.9957	2.6049	2.3719	2.2141	2.0986

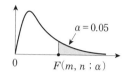

$\alpha = 0.05$

7	8	9	10	12	15	20
236.77	238.88	240.54	241.88	243.91	245.95	248.01
19.353	19.371	19.385	19.396	19.413	19.429	19.446
8.8867	8.8452	8.8123	8.7855	8.7446	8.7029	8.6602
6.0942	6.0410	5.9988	5.9644	5.9117	5.8578	5.8025
4.8759	4.8183	4.7725	4.7351	4.6777	4.6188	4.5581
4.2067	4.1468	4.0990	4.0600	3.9999	3.9381	3.8742
3.7870	3.7257	3.6767	3.6365	3.5747	3.5107	3.4445
3.5005	3.4381	3.3881	3.3472	3.2839	3.2184	3.1503
3.2927	3.2296	3.1789	3.1373	3.0729	3.0061	2.9365
3.1355	3.0717	3.0204	2.9782	2.9130	2.8450	2.7740
3.0123	2.9480	2.8962	2.8536	2.7876	2.7186	2.6464
2.9134	2.8486	2.7964	2.7534	2.6866	2.6169	2.5436
2.8321	2.7669	2.7144	2.6710	2.6037	2.5331	2.4589
2.7642	2.6987	2.6458	2.6022	2.5342	2.4630	2.3879
2.7066	2.6408	2.5876	2.5437	2.4753	2.4034	2.3275
2.6572	2.5911	2.5377	2.4935	2.4247	2.3522	2.2756
2.6143	2.5480	2.4943	2.4499	2.3807	2.3077	2.2304
2.5767	2.5102	2.4563	2.4117	2.3421	2.2686	2.1906
2.5435	2.4768	2.4227	2.3779	2.3080	2.2341	2.1555
2.5140	2.4471	2.3928	2.3479	2.2776	2.2033	2.1242
2.4876	2.4205	2.3660	2.3210	2.2504	2.1757	2.0960
2.4638	2.3965	2.3419	2.2967	2.2258	2.1508	2.0707
2.4422	2.3748	2.3201	2.2747	2.2036	2.1282	2.0476
2.4226	2.3551	2.3002	2.2547	2.1834	2.1077	2.0267
2.4047	2.3371	2.2821	2.2365	2.1649	2.0889	2.0075
2.3883	2.3205	2.2655	2.2197	2.1479	2.0716	1.9898
2.3732	2.3053	2.2501	2.2043	2.1323	2.0558	1.9736
2.3593	2.2913	2.2360	2.1900	2.1179	2.0411	1.9586
2.3463	2.2783	2.2229	2.1768	2.1045	2.0275	1.9446
2.3343	2.2662	2.2107	2.1646	2.0921	2.0148	1.9317
2.2490	2.1802	2.1240	2.0772	2.0035	1.9245	1.8389
2.1665	2.0970	2.0401	1.9926	1.9174	1.8364	1.7480
2.0868	2.0164	1.9588	1.9105	1.8337	1.7505	1.6587
2.0096	1.9384	1.8799	1.8307	1.7522	1.6664	1.5705

索　引

参 考 文 献

［1］芝　祐順『因子分析法』東京大学出版会，1972
［2］Alan Stuart, Keith Ord『Kendall's Advanced Theory of Statistics, Distribution Theory』Wiley, 2010
［3］奥野忠一，久米　均，芳賀敏郎，吉澤　正 著『多変量解析法』日科技連出版社，1981
［4］竹内　啓 編『統計学辞典』東洋経済新報社，1989
［5］Yadolah Dodge『The Oxford Dictionary of Statistical Terms(6th)』OUP Oxford, 2006
［6］Andy Field『Discovering Statistics Using IBM SPSS Statistics (5th ed.)』SAGE Publications Ltd, 2017
［7］丹後俊郎，高木晴良，山岡和枝 著『ロジスティック回帰分析：SAS を利用した統計解析の実際（統計ライブラリー)』朝倉書店，2013
［8］石村貞夫『入門はじめての多変量解析』東京図書，2007
［9］石村貞夫・石村光資郎『SPSS による多変量データ解析の手順　第 5 版』東京図書，2016
［10］石村貞夫・劉晨・石村光資郎『入門はじめての統計的推定と最尤法』東京図書，2010
［11］石村貞夫・謝承泰・久保田基夫・石村友二郎『SPSS による医学・歯学・薬学のための統計解析 第 4 版』東京図書，2019
［12］石村貞夫・石村光資郎『SPSS による統計処理の手順』東京図書，2018
［13］石村貞夫・石村光資郎『すぐわかる統計処理の選び方』東京図書，2010
［14］石村貞夫・デズモンド・アレン・劉晨『すぐわかる統計用語の基礎知識』東京図書，2016
［15］石村光資郎・石村貞夫『SPSS によるアンケート調査のための統計処理』東京図書，2018

■著者紹介

石村　光資郎
- 2002 年　慶應義塾大学理工学部数理科学科卒業
- 2008 年　慶応義塾大学大学院理工学研究科基礎理工学専攻修了
- 現　在　東洋大学総合情報学部専任講師　博士（理学）

石村　貞夫
- 1975 年　早稲田大学理工学部数学科卒業
- 1977 年　早稲田大学大学院修士課程修了
- 現　在　石村統計コンサルタント代表
- 　　　　理学博士・統計アナリスト

改訂版 すぐわかる多変量解析

© Koshiro Ishimura & Sadao Ishimura 2020

1992 年 10 月 26 日　第 1 版第 1 刷発行	Printed in Japan
2020 年 4 月 25 日　改訂版第 1 刷発行	

著　者　石　村　光　資　郎
　　　　石　村　貞　夫
発行所　東京図書株式会社

〒102-0072 東京都千代田区飯田橋 3-11-19
振替 00140-4-13803　電話 03（3288）9461
http://www.tokyo-tosho.co.jp/

ISBN 978-4-489-02336-1